La idea

Mani

Todos los derechos reservados

© MANI, [2.021]

ESPAÑA
GALICIA

Diseño de la portada: Mani

ISBN: 9798504150116
Sello: Independently published

DEDICATORIA

A Margot, Iago y Miguel

Contenido

1. - No todo es principio ni fin. 1
2. - La idea. 9
3. La idea original. 16
4. - Idea encadenada. 23
5. Momento atómico: Ideas, partículas y átomos. 31
6. - Campo existencial. Átomo generador de ideas. 41
7. - De la sustancia compleja al cuerpo, al individuo. 52
8. - Principio y desequilibrio evolutivo del entorno. 65
9. - Transferencia de ideas y comunicación de la materia. 72
10. - El Pensamiento Dual, muerte y vida: la reproducción. 90
11. - El grupo y la diversidad. 101
12. - Las ideas sociales. 118
13. - El Rol Reproductor. 125
14. - Las ideas y la especie humana. 133
15. Dominancia y violencia, comunicación, reproducción y sexo. 137
16. - Existencialismo y recuerdos. 143
17. - Campo Virtual Cuántico (CVC). 148
18. - Pensamiento Inconsciente (PI) 154
19. - Las ideas y su mundo subatómico. 160
20. - La especie humana. 175
21. - La Tierra nuestro Planeta. 181
22. - El futuro. 198

AGRADECIMIENTOS

A todos vosotros y vosotras por leer mi libro

1. - No todo es principio ni fin.

Llevamos mucho tiempo en la Tierra y hemos conseguido crear y desarrollar distintas formas de civilización multicultural que viven y conviven en todos los rincones posibles de nuestra la larga y extensa geografía terrestre. Si pensáramos por algún momento en nuestros posibles orígenes, dando marcha atrás a la manecilla del reloj, de la historia o de la biología, y pudiéramos detenernos a observarnos con detenimiento en alguno de los diferentes puntos de esos momentos del pasado, descubriríamos que pese al largo tiempo transcurrido, seguimos aun conservando muchas semejanzas en común con nuestros anteriores antepasados. No solo en los aspectos puramente biológicos, lógicamente, sino que también incluso tenemos y conservamos muchos de los rasgos comunes de nuestra actual forma de pensar y comportarnos, tanto como meros individuos que como grupos sociales.

Cuando más atrás y más profundo escarbemos en ese tiempo pasado, más indicios descubriremos de como todas las especies de todo tipo que pueblan nuestro planeta se van acercando caprichosamente unas a las otras, a unos mismos troncos, a unos mismos orígenes comunes. La vida en todas sus formas posibles, tal como ya la vamos comprendiendo y conociendo hoy en día, tan diversa y a la vez tan dependiente unas de las otras, y en la que sobresale sobre todas ellas, la actual especie humana, que representa al ser viviente más desarrollado e inteligente que ha conseguido crear este planeta de sus propias entrañas, en una lenta pero imparable evolución de millones de años, sigue un proceso evolutivo en el que su futuro dependerá de sus propias capacidad para adaptarse al medio y a las condiciones de su entorno. La especie humana y sus respectivas sociedades multiculturales han conseguido asumir el máximo protagonismo en el control del planeta, no solo como los principales responsables de garantizar su propia existencia en la Tierra, así como la del resto del ecosistema, sino que incluso han abierto la puerta a la posibilidad de poder salir del planeta y poder conquistar el espacio exterior para llevar nuestra civilización a otros posibles mundos lejanos por descubrir o por colonizar.

Podemos levantar y escarbar en el suelo de nuestro planeta y buscar respuestas y nuevas preguntas sobre nuestros múltiples y variados orígenes. Saber por qué el cocodrilo se quedó en cocodrilo, el chimpancé en su árbol, el águila en el cielo, y las ballenas en los mares. Los árboles en la tierra, las bacterias y los virus en los microscopios….Todos siguen evolucionando constantemente en un planeta dinámico y vivo, que ha permitido mediante determinadas leyes físicas que cada uno de esos seres tenga su espacio, su entorno, y su propio ciclo de vida. Nacer, crecer, reproducirse y morir, y conseguir perdurar forma parte la cadena de la vida. Pero no es una cadena infinita, sino que para muchas especies vivientes su recorrido y su existencia está ya delimitada y condenada a una inaplazable desaparición, al no ser capaces de proseguir su propia evolución como consecuencia o ante la falta de los individuos suficientes con capacidad de generar o reproducir su ciclo vital ante un medio hostil para su debilitado ecosistema.

No solo la vida en sí de los seres es importante, también lo es la materia y la forma que esta va adoptando en ese mismo espacio de tiempo, todo ello ha sido determinante para que puedan amoldarse y acomodarse a las innumerables variables y a los continuos cambios de las condiciones físico-químicas y climáticas del planeta Tierra.

La idea

El origen de la vida es una pregunta que encierra muchas interrogantes. Por un lado deberíamos pensar en la existencia de una frontera muy ancha y amplia que abarcase toda la materia organizada con capacidad de ser algo más que una simple molécula química que reacciona en su medio. Es decir, algo sencillo pero con suficiente contenido para poder recibir del exterior diferentes estímulos físico-químicos y poder evolucionar en su espacio y en competencia con otros cuerpos o sustancias, destruyéndose mutuamente, o combinándose y mejorándose en ese mismo entorno, creando paulatinamente nuevos cuerpos más complejos y con más posibilidades de seguir evolucionando para conseguir mantener y asegurar su propia e incipiente existencia.

La vida debemos entenderla como una lucha continua por la supervivencia en el tiempo, en el espacio y en el entorno, solo así, podemos comprender la evolución de dichas materias, entes o seres, y los procesos que se producen en esa amplia y difícil frontera en la que se inicia el camino de la vida y su directa implicación en la consolidación posterior de los siguientes niveles más complejos de la vida misma.

El avance tecnológico de nuestra era ha puesto al descubierto una cantidad ingente de nueva información, no solo de la materia en sí o de las leyes científicas que la mueven y rigen, sino incluso han abierto nuevas puertas que permiten descubrir otras nuevas que van completando y ampliando la comprensión no solo del propio entorno espacial y temporal, sino de él por qué de dicho entorno.

Lo complicado lo hacemos siempre fácil cuando lo comprendemos y cuando lo identificamos con un simple término que encierra su comprensión más profunda. La combinación de muchos términos da lugar a que nuestro pensamiento pueda ir generando de alguna forma otros nuevos conceptos subjetivos que son siempre validados o reajustados por la realidad diaria, la experiencia o finalmente por la metodología científica.

La vida o las huellas de la vida no solo podemos buscarlas en los restos físicos y culturales que se van acumulando a través del tiempo en la corteza terrestre o en el aire que la rodea, sino que también podemos buscarla en los propios seres vivos. De alguna manera la existencia de cada individuo va dejando al paso del tiempo otros rastros más sutiles y perdurables; van codificando toda su experiencia en la Tierra de forma que esta pueda reescribirse en un lenguaje propio con la posibilidad de poder ser transferido de alguna forma lógica y biológica a todos sus posibles descendientes y consecuentemente a sus generaciones sucesivas.

En cada momento de la historia de nuestro planeta, las múltiples sociedades humanas que las formaron pudieron mantener de forma latente todo un conjunto de ideas y de herramientas de compresión socio-cultural-económicas que hace que las personas o individuos que forman parte de las mismas tengan o participen de unos mismos conceptos, y sobre todo actúen conjuntamente con unas mismas reacciones a los constantes y necesarios cambios que se producen en las condiciones de existencia de sus propias vidas individuales o colectivas.

Como individuos, los seres vivos no solo somos una evolución biológica, sino que paralelamente además recibimos de nuestros progenitores y de nuestra misma especie cultural otro tipo de información más compleja, más subjetiva, que está de alguna manera oculta en nuestras capacidades y que poco a poco vamos descubriendo y descodificando a medida que vayamos aprendiendo a profundizar o interiorizar en la fuente de ellas mismas. Realmente, tenemos muchos canales de transmisión y muchas antenas de recepción y emisión del conocimiento que vamos generando y acumulando a lo largo de la vida de cada individuo. Aún hoy en día, desconocemos muchas de nuestras amplias aptitudes o capacidades y la forma de cómo estas pueden estar reprocesando de una forma autónoma la información oculta o codificada de las diferentes señales y ondas que recibimos del entorno exterior.

Hemos abierto muchas puertas en el conocimiento universal, habitaciones o compartimentos oscuros que son iluminados por nuestros pensadores y científicos a fin de encontrar preguntas y respuestas a sus inquietudes. Es como navegar en un inmenso océano sin saber que buscar o que encontrar, pero que la simple travesía, el viaje de conocer y saber, te da la suficientes fuerza para volver a intentar indagar e ir un poco más lejos que la travesía

La idea

anterior, y volviendo a navegar por las mismas o nuevas rutas pero con más y mejores barcos y con nuevas y experimentadas tripulaciones.

Volvamos ahora de nuevo al origen de la vida, volvamos a la idea simple y sencilla, al principio, al pequeño motor que puso en marcha todo un árbol biológico que dio lugar a cientos de miles o millones de ramas o especies, y sobre todo a nuestra raza o especie humana.

Podemos decir que somos o formamos parte del mundo animal, lo más cercano. El mundo vegetal aparentemente nos queda muy lejos, y no digamos ya el reino mineral. Pero seguro que dentro del reino animal tenemos algo que nos hace ya bastante diferentes a las otras especies o seres vivientes, y ese algo es como un interrogante que nos va a perseguir siempre como humanos. ¿Por qué nosotros estamos en la llamada cima evolutiva y no lo está por ejemplo el león o el perro, o cualquier otro animal o ser vivo de este planeta?

Nuestro desarrollo evolutivo nos obliga siempre de alguna manera a plantearnos fundamentalmente si estamos en este planeta por el simple azar del mismo junto con la evolución biológica, o por otro lado, si nuestro origen puede que esté ligado o condicionado en una buena parte a la existencia de este planeta, pero otra parte, y no menos importante, al haber recibido en algún momento de la historia y del tiempo, y por algún canal desconocido, una idea o impulso como detonante de nuestro propio origen. Una idea entendida como el motor de arranque de nuestra superioridad sobre la vida misma. Y hablamos de una idea como la síntesis de un conocimiento complejo que pueda irse descodificando mediante el análisis y convirtiéndose en otros nuevos bloques de conocimiento.

Si ha existido un Big Bang como primer motor de lo que ahora conocemos como universo, podríamos llegar a comprender la posibilidad de que ese Big Bang pueda ser el causante de nuestra hegemonía en el planeta, o de que por lo menos que esa causa original tenga alguna correspondencia directa y necesaria con todo ello. Si en esa primera explosión no solo se ha creado todo un universo complejo del que aún desconocemos casi todo, sino que también ha generado y lanzado por el nuevo espacio interestelar la

La idea

materia en todas sus posibles formas existenciales y junto a ella, las leyes y las reglas intrínsecas que la rigen y la gobiernan; al igual que sus partículas subatómicas más elementales que le dan sus propiedades de existencia y su poder de transformación. El Big Bang no fue solo una gran explosión cósmica creadora del universo, sino que también pudo de alguna forma, y a la vez, ser capaz de sintetizar en esa explosión una gran onda con sus infinitos armónicos, cargada a su vez de millones de ideas, ondas, información codificada en el lenguaje de la propia materia recorriendo el inmenso espacio del cosmos para llenarlo con su existencia. Incluso su propio eco que reverbera infinitamente en el nuevo espacio temporal, del que ya hemos conseguido escuchar con los modernos detectores actuales, conlleva menguado esa información primaria correspondiente a dicha explosión creadora. Ese ruido cósmico, ese eco o esa onda amortiguada por millones de años después, podría haber sido la fuente inicial de absorción por los primeros entes de nuestro planeta, a través de algún canal de entrada en cualquiera de los seres intermedios en la zona o frontera del principio de la vida y como consecuencia, dar lugar al arranque de la misma y predestinar ya el futuro de nuestra especie humana. Somos pues de alguna manera portadores de ese ruido, de esa idea que lleva la llave de todas las ideas de este universo.

Ese ruido, esa onda compleja está escrita y rescrita a lo largo de millones de generaciones en el sistema evolutivo de todos los seres vivos y especialmente está desarrollada, en la especie humana, ya que ha conseguido interiorizarla y ser la fuente teórica de los conocimientos actuales y futuros.

No todo tiene que ser solamente una evolución biológica de los seres vivos, una mera adaptación al medio y a las necesidades socioculturales-económicas de cada uno de los momentos histórico, sino que también existe otra evolución paralela y desigual correspondiente a las ideas, a las capacidades de llegar a ellas y sobre todo de simplificarlas y convertirlas en fuente de análisis para otras nuevas.

Por un lado el pensamiento humano ha adquirido por tanto la capacidad global de incrementar y compartir sus conocimientos y sus capacidades entre los diferentes grupos o sociedades del

La idea

planeta, y por otro lado, como individuo, ha conseguido ir desarrollando prototipos de seres que pueden conseguir a partir de una idea generada en su propio cerebro, desarrollarla y validarla con la realidad exterior, o incluso mantenerla viva teóricamente durante generaciones ya que supera las posibilidades de compresión con los actuales medios científicos de comprobación y validación.

La condición humana como ser biológico está siempre enfrentada al ansia de perdurar, de evitar y eludir el ciclo vital de nacer, crecer y morir. De alguna manera quiere acercarse a otra forma diferente de ser y de entender su propia existencia, no solo colectiva sino individual.

Puede que el próximo nivel de existencia de la futura humanidad esté ligado por una lado, muy directamente al desarrollo de las máquinas y las prótesis humanas, ya que estas pseudo-máquinas siempre van a evolucionar y mejorarse en sus diseños con el propio paso del tiempo, y por el otro lado la capacidad real para la manipulación genética de nuestra propia especie, el autocontrol de la misma, evitando todo el azar y la predestinación de la "madre naturaleza" en nuestros destinos futuros.

Podemos pensar que de alguna manera, también en nuestro cerebro, somos capaces de excavar y remover los restos de nuestro antiguo pasado psicológico, al igual que hacemos cuando buscamos nuestra historia evolutiva en los restos de las profundas capas de la corteza terrestre. La transmisión genética no solo es capaz de traspasar y combinar aspectos meramente biológicos de nuestras especies sino que además puede transferir información e ideas más complejas a los nuevos individuos. Información que nuestro cerebro irá procesando y desarrollando a lo largo de su existencia pero que de alguna manera siempre estará oculta en las capas más profundas y escondidas del mismo. Esa información representa la síntesis de nuestra historia primitiva, de cómo fuimos y de cómo reaccionábamos en el entorno ante los estímulos recibidos así como de nuestra capacidad de poder mutar y evolucionar en cada momento en este cambiante planeta.

2. - *La idea.*

El ser vivo con independencia de su nivel o complejidad es siempre un tándem, una asociación de un cuerpo físico, visible, y de unas funciones y cualidades, muchas ocultas, que permiten regular todas sus actividades del mismo, desde su nacimiento hasta su muerte.

La interacción de los seres vivos en el planeta está condicionado a una adaptación y aun comportamiento en su entorno y según su nivel de desarrollo estará condicionado con su propio grupo, con sus espejos genéticos, y en el caso de la raza humana, con el desarrollo socio-cultural-económico que imponen las reglas de convivencia y supervivencia, y especialmente las reglas reproductivas de la propia especie.

La integridad del cuerpo y la "mente" y su capacidad de buscar un equilibrio entre lo que muestras exteriormente y lo que eres realmente están muy condicionados a las reglas de comportamiento que imponen las diferentes sociedades que conviven en nuestro planeta.

Puede que muchos actos individuales o colectivos estén permitidos en ciertas sociedades culturales o políticas, pero paradójicamente, ese mismo acto, en el mismo momento histórico, estará prohibido o incluso castigo en otras sociedades diferentes o incluso en otros espacios geográficos distintos.

Imaginemos que una persona pierda una mano por cualquier circunstancia de su vida, de alguna manera, pierde una capacidad física, e incluso una capacidad creadora ya que a través de ese miembro podría desarrollar, generar o transmitir múltiples actividades constructivas. En su cerebro como consecuencia de la falta de su mano se reordenar múltiples funciones a fin de compensar el desequilibrio físico de su cuerpo. También es consciente de su nueva apariencia y trata de emparejarlo a través de una modificación en su personalidad a fin de encajar la nueva situación cuerpo y mente. Su cerebro sigue intacto ya que a nivel físico en su interior no ha sufrido ninguna amputación traumática, pero a nivel funcional si ha habido cambios que afectan en más o menos medida al control de su propio cuerpo, sino que incluso además afectan también a su personalidad y consecuentemente a su comportamiento en el grupo social.

Podemos suplir hoy en día ese miembro mediante una prótesis artificial, biónica, o simplemente mediante un trasplante de un donante o llegado el caso crearlo genéticamente a la carta en el laboratorio para una persona concreta o determinada. Estas posibilidades físicas permiten pues al individuo, a su cerebro, volver a reencontrarse muy cerca de su estado mental inicial anterior. Ahora imaginemos que perdemos o dejan de funcionar otros miembros del cuerpo o incluso órganos internos del mismo. A medida que nuestro desarrollo tecnológico-sanitario lo permita podemos ir reemplazando paulatinamente dichos elementos no funcionales por otros nuevos compatibles a fin de seguir o intentar mantener en la medida de lo posible ese necesario equilibrio de existencia entre dicho cuerpo y la mente del individuo que lo contiene.

Dejemos a un lado el tema del cerebro por ahora y pesemos en que prácticamente todo nuestro cuerpo pueda ser clonado parcial o totalmente, tanto de forma biológica, genéticamente o mediante partes mecánicas o combinaciones bio-artificiales. Es decir podemos aceptar que nuestro cerebro pueda convivir y adaptarse en un cuerpo nuevo que ha sido suplantado por diferentes elementos con la capacidad temporal de seguir funcionando y realizando las funciones biológicas originales, incluso haber sido mejoradas tecnológicamente.

Lógicamente el porcentaje de reemplazo de las diferentes partes y órganos del cuerpo inciden principalmente en la adecuación de la mente de la persona a su nueva situación y exteriormente en la adaptación del grupo o de la sociedad para integrar y convivir si conflictos con estas nuevas personas reacondicionadas. Si a las numerosas discriminaciones sociales actuales por motivo de raza, género y cultura le deberíamos de sumar ya una nueva, la discriminación mecánico-biónica, que afectarán principalmente a las personas reconstruidas artificialmente y que ocuparán un determinado rol, escalafón o extracto dentro del grupo social humano.

Nuestro desarrollo continuado nos obliga de alguna forma a ir modificando los conceptos básicos del ser individual y de las relaciones humanas entre los mismos. La nueva estética nacida de los reemplazos artificiales de partes de nuestro cuerpo dará lugar necesariamente a nuevos tipos de culturas y derechos que adapten e integren a todos esos individuos que han sido transformados total o parcialmente en diferentes grados.

Volviendo ahora a nuestro cerebro, el desarrollo y el conocimiento del mismo van descubriendo, no solo su arquitectura biológica, sino también las diferentes capacidades y los mecanismos por los cuales de alguna manera, se va configurando paulatinamente la compleja personalidad del individuo y por tanto su propia existencia.

Lógicamente podríamos consecuentemente a medida que el avance en estos campos específicos de nuestro cerebro lo permitan, ir sustituyendo o simplemente ir injertando o acoplando dispositivos artificiales de tipo mecanismo-biónicas o celulares modificados que permitan recuperar las facultades averiadas o simplemente aumentar significativamente sus propias capacidades mentales.

La comunicación de nuestro cerebro con el exterior a través de nuestros sentidos básicos y toda las anomalías en su funcionamiento serán los objetivos principales en este campo de la investigación y en donde probablemente podamos diseñar y crear muy pronto dispositivos artificiales de todo tipo que permitan la sustitución de los diferentes órganos corporales así como su conexión con sus respectivas zonas cerebrales que los regulan.

Visto en esta perspectiva, el individuo puede ser reparado y transformado no solo a nivel de su cuerpo y órganos sino incluso en una gran parte de su cerebro. ¿Cuándo dejara un individuo de ser un ser humano? Básicamente podemos reemplazar a priori todo su cuerpo externo y sus órganos, e incluso podemos ir sustituyendo o cambiando las partes reconocibles de su cerebro físico que permiten el manejo de sus capacidades mentales de pensar y de reconocerse como tal individuo.

Véanos este problema desde otro lado más radical. Imaginemos que nos duermen y al despertar nos encontramos en otro cuerpo. Es decir no han transferido, la parte sustancial del individuo, su capacidad de pensar y de reconocerse, incluso aunque no sea necesario e imprescindible, sus vivencias o sus recuerdos pasados, a un nuevo cuerpo con un nuevo cerebro. No vamos ahora analizar de donde hemos sacado este nuevo cuerpo, pensemos que es un prototipo artificial al que simplemente le hemos transferido la parte sustancial del viejo cuerpo.

Lógicamente el nuevo cerebro debe de hacerse con el control del nuevo cuerpo no solo en el aspecto biológico sino en el reconocimiento de su propia personalidad y de su interacción con el resto de las personas y el entorno. ¿Qué relación puede haber que condicione este traspaso entre la biología y la personalidad transferida?

Volvamos a otra situación más sencilla, podemos ir cambiando elementos o partes de nuestro cuerpo de forma progresiva, pero habrá un momento en que este cambio no pueda ser posible porque precisamente el cambio siguiente implicaría la desaparición del individuo o ser humano.

Es precisamente esta capacidad, y no la información lo que hace factible al ser humano, al individuo. Esto quiere decir que de alguna manera podemos crear un nuevo individuo a partir de un patrón biológico, el cuerpo, pero dándole una personalidad concreta sin pasar por los procesos naturales actuales de nacer, crecer y formarse. Básicamente sin pasar por los mecanismos de procreación actuales a través de los padres y de la familia.

La idea

¿Qué es lo que realmente da el derecho al individuo a ser una persona y a poder vivir y relacionarse con los otros individuos dentro de una sociedad cultural en nuestro planeta? Nuestras normas y nuestros derechos nacen precisamente de nuestro conocimiento y de nuestras luchas sociales a lo largo de nuestra historia, por tanto, todas estas normas van a tener que ser básicamente cambiadas ya que el concepto del individuo o ser humano va a tener nuevas perspectivas como consecuencia de nuestro imparable avance y desarrollo en estos campos.

De alguna manera, la capacidad de subsistir de nuestra especie va a depender básicamente del desarrollo de este campo de la ciencia, ya que la reposición de los individuos del futuro va a estar regulado no solo en la cantidad, sino incluso en la forma y el tipo de individuos a crear para incorporar al desarrollo e impulso de la propia sociedad.

El termino persona, como individuo que nace actualmente de una hembra, crece de bebe a niño, a adolescente, a adulto y a viejo para morir finalmente, va a cambiar sustancialmente, y por tanto los mecanismo de reproducción natural irán desapareciendo a medida que la sociedad deje de utilizarlos por el uso y la aceptación de los nuevos procesos artificiales de reproducción social. No solo los mecanismos citados, sino incluso todos los procesos de formación sociales y culturales asociados a todas estas fases del crecimiento de las personas humanas actuales.

El concepto de la vida y de lo humano cogerá una nueva dimensión.

La vida tal como surgió sigue su camino y su evolución. La raza humana actual no es el final de ese largo camino, sino una fase más que le llevará a expandir el concepto de la vida a nuevas formas de existencia en las que los cuerpos biológicos actuales darán paso a nuevos cuerpos y nuevas capacidades. Lo biológico y lo mecánico, lo natural y lo artificial tendrá una nueva dimensión, tendrán su razón de ser y de convivir y serán el soporte para una nueva civilización.

Los nuevos individuos tendrán reconocidos sus nuevos y propios derechos, con sus propias obligaciones, tendrán la posibilidad de tener su propio proceso evolutivo.

La idea

Entramos en una nueva fase evolutiva en la que la humanidad fundirá su herencia biológica con su desarrollo tecnológico artificial, y de la lucha y confrontación de ambos sistemas irá surgiendo una nueva raza o un ser semi humano que le permitirá seguir evolucionando, y lo que es más importante le permitirá conseguir salir del planeta y poder expandirse en el espacio exterior.

Será un batalla dura y muy larga entre los diferentes conceptos de humanidad que queremos ser en las que las diferentes sociedades y culturas futuras tendrán que ir tomando posiciones en función sus intereses estratégicos para perdurar en el tiempo y en el espacio.

Las ideas siguen siendo el motor del cambio en nuestra raza humana. Las ideas se van acumulando y a la vez se van plasmando en máquinas artificiales o en seres manipulados. Las ideas junto con la propia necesidad de existencia de las mismas ideas configurará el ser humano del próximo futuro.

La puerta ya está abierta y el camino hacia una nueva era acaba de comenzar. Va a ser un proceso evolutivo totalmente artificial, dirigido por los humanos, pero hecho por las máquinas y la tecnología, en la que la actual raza humana traspasará muchas de las líneas rojas actuales, y sobre todo muchas y fuertes resistencias y barreras ideológicas para conseguir dar ese gran salto que permitirá a la vida, y a las nuevas ideas, traspasar las barreras de existencia biológicas actuales y poder empezar a expandirse y colonizar el espacio exterior, el universo.

3. La idea original.

¿Cómo la Tierra ha sido capaz de crear y albergar la vida, y esta a su vez, desarrollar la raza humana; y cómo esta, ha conseguido desarrollar una civilización avanzada, que le va a permitir abrir nuevos caminos inimaginables para su expectante futuro? Todo este recorrido no es más que pequeños escalones de una misma escalera que apunta hacia el cielo del universo.

Podemos analizar y discutir todas las actuales teorías sobre el origen de la vida, y cualquiera de ellas tendrá muchos argumentos posibles en contra y a favor, otras serán meras especulaciones muy difíciles de probar o rebatir. Lo que si pudiéramos todos aceptar es que el concepto de la vida lo tenemos muy asociado al concepto del individuo biológico con capacidades de nacer, crecer, reproducirse y morir. Todas estas capacidades o cualidades no son más que palabras que encierran en sí mismas conceptos mucho más amplios y extensos, por lo que debemos pues profundizar en la búsqueda de sus nuevos contenidos.

El Big Bang que dio lugar al universo actual, también dio lugar a una física que lo regula y que lo explica, es decir, con independencia de nuestra propia existencia, la materia en sus múltiples formas se comporta con reglas iniciales que regulan su capacidad de transformación a partir de esa explosión inicial y que de alguna manera le han llevado a la búsqueda de la vida como una forma más de su propia transformación y existencia. No ha sido nada casual, las condiciones de la materia estaban dadas para la aparición y evolución de la vida y la raza humana. Era solo una cuestión del momento: materia, tiempo y espacio.

La materia tal como la vamos descubriendo a través de su estudio, nos demuestra que los mismos elementos que forman parte de la misma no son más que asociaciones más o menos complejas formadas por núcleos atómicos con sus electrones girando alrededor de sus propios núcleos. Este concepto clásico se abre a la física de las partículas cuánticas con su implicación en los fenómenos y fuerzas del universo. La física cuántica alarga aun las posibilidades de la materia y de sus capacidades no solo para transformarse sino incluso para incidir en su propia naturaleza interna.

La materia tiene sus normas y sus reglas, algunas podemos conocerlas e intuirlas, pero otras, por ahora están ocultas a nuestra capacidad actual de entender o aprender a detectarlas. La explosión del Big Bang ocurrió en su momento, de lo cual ya tenemos las suficientes pruebas de su existencia y por tanto podemos conjeturar, a partir de este hecho, toda una serie de baterías de suposiciones para explicar todos los momentos ocurrentes en el Big Bang: el antes, el durante y el después de dicha explosión.

A priori nos es más mucho más fácil entender el momento después ya que nuestro universo es la prueba tangible de lo que ya está pasando y por lo tanto podemos investigar y contrarrestar todo lo medible y detectable con nuestros sofisticados medios científicos actuales. De la explosión en sí, del momento durante, hemos detectado con claridad su eco y su consecuencia posterior, el momento después. Ambos estados o momentos tienen su correspondencia y por tanto es también una buena base para las conjeturas y para los estudios contrastados y las teorías.

El otro problema o enigma, es el antes de la explosión, el momento antes, la situación anterior. Lógicamente podemos reunir toda la materia del universo, retroceder en el tiempo todo lo pasado y su transformación para concluir que ese punto original, esa cantidad de energía inicial, esa cantidad de ideas encerradas en su propia existencia, tendría un momento antes y por tanto una causa fortuita o determinante que justificaría la ignición de dicha energía y su paso posterior a los momentos durante y después.

La idea

Esa teórica ignición que inició la explosión ocurriría al final del momento antes, momento que dio lugar precisamente a la idea original que moverá el orden de la energía y de la materia que se desprendió del momento durante hacia el momento después. El tiempo, el espacio y la materia nacen como nuevas unidades de medida asociadas a toda la energía y materia resultante del teórico Big Bang.

Por simple lógica podemos conjeturar que en el momento durante, la explosión, pudo haber sido provocado por otra causa ajena al momento antes. Es decir, la idea original, la capacidad de incidir y de decidir, si pudo estar presente y ser una causa ajena al estado del momento antes, con la materia o energía concentrada en un punto del tiempo cero y del espacio cero. Esta causa ajena nos lleva a conjeturar que tenemos otros sujetos o estados que conviven o convivieron con el estado o momentos antes y durante, o incluso estos agentes que iniciaron la ignición del Big Bang lo hicieron con consecuencias, lo cual implicaría también su transformación o su inclusión en el estadillo inicial y en la resultante del después.

La idea original es la idea que mueve y describe el tiempo del movimiento y de alguna manera le confiere la suficiente racionalidad a todos los procesos del universo, viéndolo lógicamente desde nuestra visión humana y parcial del conocimiento actual.

El pensamiento humano, el cerebro, la máquina biológica que lo produce y reproduce, no deja de ser un modelo para describir los momentos del Big Bang del antes, durante y después de toda la energía y materia del universo. Nuestro modelo de pensamiento está condicionado en parte a la evolución y las capacidades de su órgano biológico de pensar, y al desarrollo de sus conceptos de partida, con los que puede conseguir reproducir, a una escala subjetiva, cualquier proceso o situación de los estados de los momentos antes, durante y después del Big Bang.

Como hemos llegado hasta aquí en nuestra capacidad intelectual es uno de los enigmas más importantes de nuestra propia raza humana y de nuestra civilización. La capacidad intelectual de los humanos para definirse y para marcar sus relaciones mutuas va tan unida como su propia vida y existencia, y esta a su propia lucha cotidiana por su supervivencia.

El pensamiento humano choca siempre con los planos teóricos de sus pensamientos, con los de sus deseos o ansias, con el plano individual o colectivo de su propia lucha por su subsistencia. El desarrollo cultural, intelectual y tecnológico representa el camino del mundo de las ideas que se está abriendo paso por encima incluso de los propios portadores y generadores de las mismas. La raza humana está llegando a un punto sin posible retorno a estados anteriores en su civilización, con la necesidad imperiosa de buscar su identidad y su destino, ya que el desarrollo combinado de todas sus ideas le obliga a seguir un camino en el que el propio individuo puede ya no ser tan necesario en las futuras generaciones y en la futura civilización que nos estamos deparando.

La biología, la especie humana actual está ya encontrando las primeras barreras que el impiden lógicamente adaptarse a los necesarios cambios de la sociedad futura. La primera barrera es sencillamente el propio individuo actual, que ya no va ser tan necesario ni va ocupar el puesto predominante en el sistema social y productivo que se le avecina. Sus limitaciones físicas y temporales lo hacen poco competitivos frente a las máquinas y los robots.

Las mutaciones que paulatinamente se van a producir en todos los ámbitos de la sociedad van a suponer un nuevo orden en el planeta. Las ideas van a ganar el pulso a sus iniciales contenedores biológicos, a los humanos, y van a seguir escalando para conseguir alcanzar un nuevo nivel social independiente en los que tendrán su propio sitio y jerarquía junto con los nuevos individuos, creados o nacidos como consecuencia de la interacción biológica con las ideas, plasmadas lógicamente en nuevas capacidades tecnológicas integradas y adaptadas en el ser biológico. Esta relación naturalmente puede tener muchos niveles de integración, desde individuos máquinas puras 100% hasta un sin fin de combinaciones posibles y siempre pensadas para unas finalidades concretas.

Todos serán individuos integrados en una nueva sociedad en la que los derechos y las obligaciones individuales o de grupos estarán definidos y estarán expuestos a los cambios o variaciones de los mismos como consecuencia de las siempre contradicciones y luchas constantes por la supervivencia de clase o grupo o individual.

En la sociedad futura, el mundo de las ideas tomará el control y poco a poco intervendrá directamente en la propia biología humana, cambiando y mutando no solo los propios aspectos de la reproducción de la especie, sino que será capaz de cambiar los roles actuales generado un nuevo concepto de individuo que tendrá que adaptarse al nuevo entorno social y por tanto desarrollará una nueva vida social, cultura y productiva en la que probablemente afectará significativamente a los conceptos actuales de la familia, padre, madres, hermanos y hermanas y todos los roles sociales, religiosos, educativos de las distintas sociedades actuales.

El mundo de las ideas no tiene fronteras, ni líneas geográficas ni mucho menos banderas a las que arrimarse. Poco a poco, estén mundo se irá entremezclando con la propia raza humana obligándola a convivir y sobre todo obligándola a aceptar los nuevos individuos que van a compartir su compañía a lo largo de todas sus vidas.

Todo empezó en un Big Bang que creo un universo con reglas, lleno de ideas, y que en nuestro planeta generó y dio lugar a una raza humana inteligente, que ha podido subsistir en el tiempo y en el espacio gracias al desarrollo de un órgano biológico como el cerebro, con la capacidad de pensar, de manejar y descubrir o simplemente generar nuevas ideas, nuevas creaciones.

El nuevo orden de las ideas va tomando el control de la sociedad y va imponiéndose al individuo y al grupo social sus prioridades, consiguiendo poco a poco alcanzar la capacidad necesaria para lanzarse a la conquista de su propia auto-existencia. El nuevo orden se impondrá con la creación de nuevos individuos no humanos, de nuevas especies adaptadas, relegando a un plano secundario la propia raza humana, la cual perderá la capacidad de poder tomar las grandes decisiones sobre tu propio destino. El nuevo orden en algún momento tomará y modificará las ideas de partida y se desprenderá del control de la propia raza humana.

Las nuevas decisiones no se tomarán pensando solamente en los derechos de los individuos, sino que tendrán nuevos argumentos de peso para sopesar incluso el futuro de los humanos, tal como lo entendemos ahora.

La idea

Las diferentes especies vivas van evolucionando y adaptándose en su entorno cada vez más cambiante y hostil, aunque muchas de ellas irán desapareciendo paulatinamente en el tiempo debido a diferentes causas, algunos de los factores principales de su ocaso son consecuencias directas de nuestra interferencia en el ecosistema del planeta.

Nuestra propia existencia, nuestra lucha continua por la supervivencia, será el factor determinante para conseguir desprendernos de nuestra propia dependencia a la limitada y lenta evolución biológica natural, para comenzar adentrarnos en una nueva era de transformación radical del ser humano actual.

4. - Idea encadenada.

La vida no es más que ideas tangibles. La capacidad de existencia y su desarrollo está ligado íntimamente al fundamento de sus ideas.

El planeta Tierra, su propia naturaleza ha sido fundamental para la existencia de la vida. Las primeras moléculas, los primeros elementos y componentes, sustancias existentes, han sido en un primer momento los orígenes de los cambios y transformaciones del planeta, los que han ido creando y poniendo las bases duraderas de un gran ecosistema que permitiría la existencia posterior de vida en el mismo, lo que hoy llamamos naturaleza.

Sabemos que todos los elementos y sustancias que conocemos actualmente tienen sus cualidades y sus capacidades intrínsecas, no solo a nivel químico, sino que incluso a nivel físico, atómico, encierran todo un potencial de transformación y de integración con otros elementos e incluso con sí mismos. Estos elementos pueden interactuar y transformarse en determinadas situaciones en otros elementos más complejos, de forma espontánea y aleatoria o por experimentación.

Cada partícula, cada átomo interactúa en función de determinadas condiciones de su entorno, no solo influyen sus cantidades existentes, o la naturaleza de otros componentes distintos, sino que también factores como la presión, temperatura, radiación, y un sinfín de posibilidades que permiten otro sin fin de resultados distintos y aleatorios.

Sabemos que la materia tiene leyes físicas y por tanto, ellas mismas tienen sus capacidades de existencias y de transformación. Pero estas cualidades, estas ideas intrínsecas que poseen los elementos son las que permitirán a los mismos poder desarrollar la vida en un planeta nacido a partir de un Big Bang.

Los elementos primarios existentes en la Tierra formaron nuevas moléculas por la interacción entre ellos, por sus capacidades y afinidades de unión o repulsión. Igualmente el entorno, el sistema solar, la radiación del sol, las condiciones físicos químicas, la temperatura y la presión atmosférica, el clima, la capacidad de movilidad de dichos elementos y sobre todo el factor tiempo fueron determinantes para su desarrollo y evolución.

La Tierra fue creando poco a poco su incipiente "naturaleza" que daría lugar luego a la explosión de la vida en todo el planeta.

Las primeras combinaciones de los elementos, las primeras moléculas son nuestros orígenes, son nuestras ideas iniciales. Partimos de ideas simples, combinaciones entre elementos simples. Surgen moléculas más estables, ideas combinadas que aportan más complejidad a su esencia.

Empieza la cadena de la existencia, nacer, crecer y morir. El tiempo.

Imaginemos por ejemplo la combinación del agua, hidrógeno y oxígeno. Esta puede existir en forma sólida, líquida y gaseosa. Esta nueva sustancia a su vez tiene sus propias características que le permiten existir de forma estable en el tiempo, a menos que se rompa su molécula química y vuelva a sus orígenes iniciales, hidrógeno y oxígeno.

Las combinaciones iniciales entre los elementos generan nuevas sustancias que conviven en su entorno, en su espacio de forma estable o temporal según las condiciones externas y la movilidad de la propia sustancia.

Las ideas iniciales de cada elemento se suman y combinan con otras, generando no solo una suma de sus ideas de forma cuantitativa, sino que a la vez sus cualidades intrínsecas, generan la posibilidad de nuevas ideas que se corresponden con las nuevas cualidades que se generan a partir de las nuevas moléculas más complejas.

A medida que pasa el tiempo, el planeta es capaz de mover y agitar muchos elementos simultáneamente, debido precisamente a su naturaleza, su núcleo caliente, la rotación en el sistema solar, a las fuerzas de atracción del mismo, a las características de sus elementos simples y compuestos, y sobre todo a sus estados, sólidos, líquidos y gaseosos, así como a sus temperaturas y presiones, y en definitiva a su clima.

La tierra fue y sigue siendo por tanto un laboratorio evolutivo de componentes que se agitan continuamente en el espacio y en el tiempo y permite que poco a poco vaya formándose las condiciones para dar en un momento determinado ese gran salto necesario para la formación y el desarrollo y la conservación de la vida.

Las moléculas empiezan a interactuar entre ellas y formar nuevos compuestos químicos más complejos. Las ideas de sus cualidades empiezan a unirse exponencialmente y formar nuevas potencialidades. Podemos decir que estas nuevas sustancias tienen su propio "cerebro" en el que albergan miles de combinaciones posibles y por tanto pueden generar más posibilidades de desarrollo molecular y lo que es más importante, pueden estabilizarse y mantenerse en el tiempo y en el espacio.

Las moléculas viven en su entorno, su capacidad de movilidad le confiere la posibilidad de encontrar nuevas moléculas con la que interactuar. Sus ideas les permiten distintas formas de asociación y estas a su vez están sujetas a su estabilidad tanto en el tiempo como en los factores externos.

Si la vida o la existencia la entendemos como la capacidad de poder nacer, crecer, reproducirse y morir, este desarrollo tan avanzado de la materia, solo puede ser posible por la interacción de las ideas primarias que han sido capaces de crear estos "cuerpos complejos" a partir del llamado mundo inorgánico y orgánico que hemos descrito anteriormente.

La idea

No ha sido un puro azar combinativo, ha sido las ideas concatenadas de los elementos esenciales lo que han ido creando nuevas ideas, y por tanto nuevas infinitas combinaciones de ellas que han convertido y transformado nuestro planeta en lo que es actualmente.

El planeta vivió durante millones de años una primera fase de formación y crecimiento, entendiendo esto como la aparición de nuevos componentes y sustancias. Las ideas básicas de los átomos, se van convirtiendo en ideas más complejas que van creando con el tiempo nuevas sustancias que representan la suma y la combinación de esas ideas iniciales y básicas.

La acumulación de ideas, la aparición de nuevas sustancias complejas, la capacidad de movilidad de una parte importante de estos elementos, las condiciones ambientales, hace y posibilita que el planeta se convierta en un verdadero laboratorio propio, con la capacidad de generar en un mismo tiempo o momento millones de combinaciones y alteraciones entre todas las sustancias y elementos más activos del mismo, generando a la vez una acumulación de ideas lo suficientemente importante para dar pequeños y graduales saltos que permitan el gran salto en la creación y generación de los primeros organismo vivos que darían el primer paso o escalón a la evolución posterior de los mismos.

El planeta en esta primera fase de su formación a lo largo de millones de años va generando y acumulando nuevas ideas, cada vez más complejas, que representan nuevas sustancias y elementos necesarios para poder alcanzar nuevos niveles de existencia posteriores.

En esta primera fase del Planeta, como hemos descrito, su capacidad evolutiva se basa principalmente en su capacidad de acumulación y combinación de ideas, y estas solo pueden medirse por los propios elementos y sustancias nuevas creadas a lo largo de un tiempo determinado. Es decir, el Planeta se comporta como un gran cerebro en el que se va acumulando nuevas ideas, cada vez más complejas que se albergan y coexisten temporalmente a lo largo y en la vida de esas nuevas sustancias y elementos nacidos de su evolución en el mundo de las sustancias inorgánicas-orgánicas, ideas que se van relacionando y que lentamente van dotando al planeta de una verdadera red de interacción y comunicación propia.

La idea

Las nuevas sustancias tienen y contienen sus ideas complejas, lo que les permiten "vivir" a lo largo del tiempo. Pueden "crecer y transformarse" a partir de sí mismas, y también pueden "reproducirse", dividirse, mutarse, hacerse independiente de su origen y finalmente pueden "morirse" y desaparecer, para degradarse finalmente. Las ideas a lo largo del tiempo viven en la sustancia y esta evoluciona gracias a la posibilidad de concatenación del mundo de las ideas que habilitan los cambios y las transformaciones sucesivas, acumulando ideas cada vez más complejas que permiten la creación de nuevas sustancias, y así de forma indefinida.

Son varios los factores o circunstancias que han permitido la evolución del mundo de las ideas y por tanto la evolución de nuestro planeta a lo largo de su existencia: movilidad, supervivencia, diversidad y grupo.

Uno de los factores más importantes en la evolución de las ideas, es la movilidad, su libertad, la capacidad de las sustancias para moverse en su entorno, o incluso en recorrer y viajar por el propio Planeta. Esta capacidad será fundamental para las nuevas sustancias y elementos a la hora de encontrar nuevas posibilidades en la diversidad del entorno que les permitan ampliar el espectro para buscar nuevas combinaciones y por tanto nuevas ideas más complejas.

Este factor será condicionante en la búsqueda del mejor equilibrio que favorezca su estabilidad, su existencia, y a la vez su desarrollo, su crecimiento junto con su continua evolución.

La creación y formación de sustancias muy complejas formadas a lo largo del tiempo, las cuales encierran múltiples capacidades físico-químicas, permiten a estas interactuar en su entorno, en el propio medio en el que viven, produciendo alteraciones no solo en el entorno de su habita sino en sí misma, comportándose como un ser autónomo que necesita alimentarse tomando las ideas, la energía de otros elementos o sustancias.

Otro factor importante de la evolución de las ideas es la supervivencia de las mismas. Las sustancias complejas, con sus ideas complejas, tienden a luchar por su existencia oponiendo siempre una resistencia al contacto o la iteración con otras

La idea

sustancias hostiles o amistosas que quieran alterar el equilibrio alcanzado.

Esta supervivencia puede generar entre las sustancias distintos niveles de resistencias, desde una combinación amistosa en la que ambas toman las ideas de cada una de ellas que mejor interesen a sus desarrollos, hasta otras reacciones más "violentas" en las que una de ellas toma las ideas que quiere de su "enemigo" pero lo destruye o degrada a otro nivel inferior al que había llegado. O en determinadas situaciones son capaces de "aliarse" y unirse para formar un nuevo cuerpo o sustancia más compleja.

En este tipo de confrontación siempre van a salir ganando las sustancias o elementos que tengan los mejores mecanismos de defensa o de ataque, y lógicamente estos solo pueden alcanzarlos cuando son portadores de las ideas complejas que permiten su supervivencia en el entorno en el que viven y se desarrollan. Estos mecanismos de defensa y ataque primarios serán la base de la supervivencia posterior de todas las especies vivientes de nuestro planeta.

Y otro factor importante y necesario para entender la complejidad de nuestro Planeta es la diversidad. La acumulación de ideas que se van formando y consolidando a lo largo de todo el planeta es un fenómeno desigual y combinado por lo que en cada lugar, en cada momento ocurre distintas y parecidas combinaciones de ideas complejas representadas en sus respectivas sustancias o elementos.

Pueden ocurrir sucesos parecidos que dan lugar a ideas o sustancias similares, pero la diversidad hace que ocurran diferentes sucesos en diferentes lugares y en diferentes situaciones debidos principalmente a la propia diversidad del planeta. Lugares diferentes con sustancias diferentes, situaciones diferentes con clima, temperatura, presión, radiación...diferentes y por tanto gracias a los factores de movilidad de las ideas que permiten encontrar nuevas posibilidades para su evolución y a la supervivencia de las mismas, que las empuja inevitablemente a su continuo desarrollo y a crear sustancias más complejas y por tanto ideas más avanzadas.

La idea

Solo un caos o un cataclismo en la Tierra podrían retroceder totalmente o en parte la acumulación de ideas en el planeta y frenar su evolución.

La aparición de las primeras formas de vida solo fue posible cuando estas fueron capaces de albergar en ellas las suficientes ideas complejas que permitían a las diferentes sustancias que formaban dichas "sustancia viva" comportarse como un ser vivo : nacer, crecer, reproducirse, morir.

Estas formas de vida primarias no eran iguales entre sí, no tenían un mismo patrón original y lo que era aún más importante no tenían comportamiento de grupo o colonia. Al principio eran solo unos pocos individuos que conseguían existir en algún lugar y durante un tiempo. Su existencia estaba asegurada por sus propias sustancias y las ideas que las soportaban y podían moverse y seguir desarrollándose autónomamente en un entorno favorable y no hostil que favorezca su supervivencia.

Este inicio de la vida pudo producirse en diferentes lugares y situaciones en el tiempo del planeta. Pero lo que es importante es que estas sustancias pasaron de ser sustancias inorgánicas complejas a ser los primeros seres vivientes, ya que fueron capaces de conseguir un desarrollo que les permitió albergar, mantener y sobre todo incrementar sus ideas complejas, sus capacidades de interacción, su movilidad y su supervivencia en el tiempo mediante la adquisición y puesta en marcha de un proceso repetitivo: nacer, reproducirse, desarrollarse morir a partir de un patrón estable.

Este inicio de la vida es importante ya que probablemente se consiguió en diferentes situaciones y lugares en el tiempo y en formas de vida primitivas muy distintas. Estas formas de vidas primarias iniciaron en el planeta diferentes caminos evolutivos que poco a poco fueron encontrándose y colisionándose de forma que sus capacidades intrínsecas de supervivencia marcaron su continua evolución hacia las formas más complejas.

La aparición del grupo o colonias de seres vivos homogéneos fue también el inicio del principio de convivencia o existencia colectiva. Su capacidad de reconocimiento del entorno exterior y por tanto de otros similares, semejantes o distintos es el factor determinante para el desarrollo y el comportamiento de la vida y la aparición posterior de la humanidad.

La idea

La aparición de los primeros grupos o colonias de seres vivos ha permitido igualmente un desarrollo desigual y combinado del mismo. Por un lado el individuo viviente sigue evolucionando de forma autónoma, cogiendo o perdiendo características o cualidades individuales, evolucionando; y por otro lado, creando y fijando un comportamiento, una respuesta característica al contacto con los otros seres o sustancias exteriores al él. Esta combinación de elementos desiguales va marcando el camino de la vida en la búsqueda de nuevas posibilidades de existencia que lógicamente van pasando por ir adquiriendo nuevas ideas más complejas que permitan al individuo viviente tener una mayor capacidad de respuesta y sobre todo empezar a incidir en sus entornos.

Básicamente el ser viviente evoluciona a medida que incorpora nuevas ideas a su esencia, ya que estas nuevas capacidades que le ofrece las nuevas sustancias o seres incorporados en su evolución, refuerzan su existencia y poco a poco van a permitirle empezar a centralizar sus capacidades, sus ideas, creando un sistema u órgano que posibilite la combinación de las mismas para poder generar nuevas ideas a partir de las propias acumuladas.

Los primeros seres vivientes de nuestro planeta fueron los primeros acumuladores de ideas generadas a partir de su propia existencia o experiencia, y básicamente su capacidad de almacenamiento era muy limitada y solo podía mantenerse o transferirse mediante la reproducción de seres semejantes que podrían incorporar parte de dicha información individual y volver a tener la capacidad de acumular nuevas ideas a partir de su propia existencia.

La suma de todas las ideas acumuladas por el grupo o colonia representaba el nivel de desarrollo del mismo, ya que toda su existencia estaba condicionaba al entorno en el que se desarrollaban y en el que dejaban lógicamente un rastro de su paso por la Tierra, su cultura.

Los primeros grupos o colonias de seres vivientes estaban formados básicamente por individuos que compartían determinados factores que favorecían sus coexistencias. Estos primeros seres vivos eran homogéneos, encerraban en sus sustancias una cantidad de ideas complejas similares, lo que les permitía mantener una respuesta amistosa entre ellos mismos, una defensiva u ofensiva frente a otros distintos. Igualmente su radio de acción, su entorno, se circunscribía a zonas muy pequeñas y delimitadas del planeta. Su espacio de existencia al principio era minúsculo, y solo gracias a la mejora de su movilidad consiguió avanzar y colonizar otros espacios en los que poder desarrollarse no solo como individuo sino como grupo.

El grupo representa la base del desarrollo sostenible de la vida en nuestro planeta. El grupo como tal, puede acumular más ideas complejas que los propios individuos individualmente, debido precisamente a su capacidad de incorporar y asimilar las ideas generadas a partir de la experiencia colectiva del grupo o colonia.

El grupo avanza generando nuevos grupos. Este avance es posible gracias a la multiplicación o nacimiento de nuevos individuos a partir de uno mismo. Esta cualidad solo puede ser posible cuando las ideas complejas que posibilitan su existencia generan un patrónregular y homogéneo de reproducción o multiplicación de las propias sustancias.

5. Momento atómico: Ideas, partículas y átomos.

Las sustancias complejas encierran en su armazón físico todas las cualidades propias de su esencia. Cualidades que encierra ideas que permiten a la propia sustancia evolucionar a través del tiempo e interactuando con otras sustancias para seguir creciendo, no solo en su estructura física, sino que también, en su estructura virtual o magnética.

Las sustancias complejas se ordenan espacialmente en base a los diferentes elementos químicos que se unen o asocian, formando un cuerpo o armazón existencial que le da una forma o apariencia distintiva para cada tipo de cuerpo.

Los átomos que conforma dicho cuerpo complejo, son los responsables principales de su existencia, pero también son los causantes y los portadores de las capacidades que permiten a dichos cuerpos tener su coexistencia y ser capaces de combinar las fuerzas y las potencialidades de los núcleos de sus átomos para crear y recrear las ideas de los mismos, es decir, a la vez pueden recrear un espacio específico dentro de su propia sustancia generando momentos cuánticos que se traduce en la aparición de un nuevo campo de energía superior, un momento existencial de su propia materia, en el que fluyen y se recrean en un nivel superior el mundo y las potencialidades de las ideas. Se crea un espacio, una caja virtual en la que ciertos tipos de ondas con un nivel de energía, coexisten de forma organizada con su materia.

Cada cuerpo complejo tiene una forma espacial ligada principalmente a la organización de sus diferentes elementos, y por tanto de sus correspondientes átomos. Todos ellos forman una sustancia compleja, una suma de ideas complejas que encierran en su organización molecular y en la que las cualidades y las fuerzas de los átomos posibilitan dicha existencia.

Los átomos que forman una sustancia compleja, generan por resonancia entre ellos un nuevo **Campo Virtual**, existencial, en el que se genera o emana una nueva energía organizada que permite albergar y procesar a partir de las ideas simples de los átomos, otras más complejas y derivadas de las anteriores, e incluso captadas desde su exterior. Es como una pequeña consciencia generada y nacida de la propia sustancia, de la materia, que tiene la capacidad de contener en nuevo nivel de energía, las ideas básicas de la propia sustancia que la alberga.

La materia compleja, y por tanto sus propios átomos, generan pues su propia energía, y una parte de ella, es capaz de transformarse y formar o crear un **Campo Virtual**, un campo de partículas, una consciencia de su propia esencia, en la que las ideas de su forma esencial tiene cabida en ese pequeño mundo imaginario que crea la propia materia para sí misma, y en la que deposita o más bien transfiere en otra forma de energía su modelo, su ideas y lo que es más importante, permite a este nuevo nivel de existencia virtual, tener la capacidad de poder ser independiente, y tener la facultad de procesar las ideas transferidas o captadas y a la vez conseguir generar nuevas ideas más avanzadas, a partir de las mismas, así como su posterior almacenamiento o recuerdo.

De alguna manera, las diferentes partículas que forman el núcleo de los átomos y estos a su vez organizados dentro de su propia materia o sustancias complejas, son capaces de entenderse entre ellos mediante un fenómeno de resonancia atómica de sus propios núcleos, generando en un espacio determinado, un punto espacial, un nuevo campo de energía correspondiente a su propia materia o sustancia compleja.

Este nuevo campo energético se corresponde pues con su propia sustancia y por tanto existe precisamente por que lo sustenta

La idea

la propia materia, las propia sustancia compleja, y es exclusivo de ella, por lo que estará subordinado, tanto su existencia, como su intensidad, el volumen de ideas almacenadas, así como su capacidad de procesar y desarrollar nuevas ideas de una forma recíproca entre su propia materia y su nuevo campo energético.

El campo energético que se crea o se genera a través de los núcleos atómicos de cada materia, sustancia compleja, no solo depende o tiene una relación directa con los mismos átomos o estructura de las sustancias, sino que, igualmente puede este campo incidir y modificar las premisas de los átomos que lo han creado inicialmente, de forma que podemos afirmar y asegurar, que la materia, las sustancias o los cuerpos complejos tienen su propia consciencia, su **Campo Virtual** de partículas, y que este campo toma el mando de su propia existencia albergando y creado nuevas ideas que le permiten a dichos cuerpos evolucionar y ser conscientes de su propia existencia.

Los primero pasos de la vida en la tierra empiezan por tanto en los cuerpos o sustancias complejas con sus propios campos de partículas que permiten a la materia procesar y buscar nuevas combinaciones a partir de las ideas básicas transferidas de sus propios núcleos de átomos. Por tanto en las sustancias y las materias complejas tenemos varios niveles de desarrollo de las mismas. Un nivel de estructura química, y otro nivel más elevado, su campo existencial, de estructura virtual, que recoge y procesa las ideas para generar nuevas ideas más complejas, y lo que es más importante empieza a tomar el control y a proponer decisiones independientes que afectan directamente a su propia materia, a sus propios átomos, a sus núcleos o a sus electrones, en definitiva empieza a evolucionar y conseguir mantener en el tiempo sus cualidades, sus propiedades y por tanto almacenar e incrementar su ideas.

Las materias y las sustancias complejas empiezan a ser consciente de su propia existencia y de que pueden transformarla, reorganizarla y alterarla en el tiempo y en el espacio, y no solo la suya, sino que también puede alterar o influir en el desarrollo de las sustancias que conviven en su propio entorno.

El **Campo Virtual** de la materia, su consciencia, es por tanto un campo existencial que se localiza dentro de la propia estructura de su materia, aunque puede manifestarse fuera de espacio de la misma, y que es creado o se muestra por el acoplamiento de los núcleos de los mismos átomos, resonancia atómica, que forman su sustancia.

El **Campo Virtual** que la materia y las sustancias complejas crean en su estructura interna es la base energética que va a permitir capturar en este campo todo tipo de ondas con información, ideas simples o complejas, para que puedan ser puestas en movimiento en su campo energético y conseguir acoplamientos con otras ideas y así poder encriptar y desencriptar sus informaciones.

Es a partir de este campo energético de la sustancias avanzadas como da comienzo la construcción de un soporte físico, molecular, adaptado y para sostén de este campo, que permite no solo asegurar su funcionamiento existencial, sino que también va ampliando no solo la capacidad de almacenar y procesar más ideas avanzadas, e incluso permite una comunicación más directa de dicho campo energético con toda su sustancia.

Todas las sustancias avanzadas por tanto manifiestan este campo energético existencial en su propia red espacial. Los átomos que forma la sustancia toma consciencia de su relación y del porque están asociados unos a otros, y son capaces de entenderse mediante una resonancia de sus núcleos atómicos, la cual genera el campo energético que representa su propia esencia. En ese campo energético, al igual que en un espejo, se refleja en otro nivel la energía de los propios núcleos de los átomos, sus ideas básicas, sus potencialidades, y sobre todo sus capacidades.

Como expuse anteriormente, las sustancias complejas viven en un entorno determinado, y ese entorno exterior influye de forma directa en dichas sustancias, y sobre todo influyen en su campo energético existencial, y es a partir de este campo existencial el que va a permitir a dicha sustancia seguir creciendo, desarrollando, reproduciendo y degradándose en el tiempo y en el espacio.

En las primeras fases de la vida, las sustancias complejas están expuestas a su entorno. Nuestro planeta por tanto está expuesto continuamente por un lado a la radiación del Sol y por otro lado de las ondas y señales del universo. Esta radiación es más o menos intensa según el lugar del planeta en el que están expuestas las sustancias complejas. Lo importante es que los átomos de estas sustancias reciben de forma regular una energía que es captada por los núcleos de los átomos y por tanto sus enlaces y su estructura responden a esta exposición, almacenando o consumiendo dicha energía, pero lo que es importante es que también dicha energía altera significativamente el campo energético virtual de la propia materia. Esta rutina del sistema solar con respecto a la Tierra acaba acostumbrando a la propia materia, a su **Campo Virtual** a reconocer los estadios energéticos del día y la noche, y a coordinar un reloj existencial con este movimiento planetario.

Los átomos reciben muchos tipos e intensidades de ondas, muchas de ellas con suficiente capacidad para alterar directamente la sustancia compleja, y otro tipo de ondas, pueden ser captadas, almacenadas y procesadas directamente en el **Campo Virtual** de la propia materia. Por todo ello, las sustancias complejas a través de su campo existencial, recibe constantemente energía del exterior que es determinante para que pueda desarrollarse continuamente en el tiempo y a la vez evolucionar hacia formas cada vez más complejas y avanzadas.

El **Campo Virtual** de la materia, de las sustancias complejas, el campo existencial, es el origen primitivo de nuestros primeros pensamientos, de nuestro cerebro, es el punto de partida de la materia inteligente, que le va permitir existir, reconocerse y evolucionar, creando los niveles superiores de la vida.

El **Campo Virtual** de la materia y sustancias complejas, tiene su propia energía, transferida y generada por los núcleos de los átomos acoplados en resonancia atómica, en un nivel superior y que es capaz, en su campo energético, de procesar ideas simples y complejas, transferir dichas ideas, informaciones, en un lenguaje común y reconocible a dichos núcleos para su almacenamiento. El **Campo Virtual** de la materia, puede volver a llamar o recordar dichas ideas o informaciones mediante un patrón, un onda determinada que activa por resonancia los núcleos de sus átomos consiguiendo que entre todos generen armónicos de dichas ideas para su procesamiento en el **Campo Virtual**.

La capacidad de información y de ideas almacenadas es por tanto ilimitada, ya que los núcleos atómicos, tienen una energía inmensa, con una estructura interna muy compleja, con partículas y elementos subatómicos que le permiten captar y transferir mediante resonancia atómica infinitas ondas moduladas en las que se encierran las ideas simples o complejas de la propia materia existencial. Esta comunicación es a la velocidad de la luz, y el campo existencial de la sustancia puede mediante un patrón, activar todas los núcleos atómicos de sus átomos esperando una respuesta armónica los más parecida a su demanda y con estás respuestas volver a crear y recrear la idea original y procesarla nuevamente.

El **Campo Virtual** de la materia controla a su propia materia, y por tanto es capaz incluso de alterar el movimiento y los desplazamientos de la nube electrónica de sus electrones, de forma que puede modificar significativa las rotaciones de las órbitas de ellos, el flujo y la cantidad de los mismos, tanto en el espacio de la propias sustancia compleja, como todos los aspectos y las intensidades de los campos electrónicos y eléctricos que genera dicha sustancia con respecto a su entorno.

A medida que se desarrolla la materia compleja en otras más complejas, el **Campo Virtual** de las mismas se hace cada vez más intenso e importante, ya que a través de él la materia empezará a tomar decisiones que le hagan evolucionar y desarrollarse en el tiempo, y por tanto dicho **Campo Virtual** cada vez se ira concentrando en un determinada zona de su red espacial, y va integrando y especializando a los núcleos de los átomos seleccionados para las funciones de almacenaje, procesado de las ideas y por tanto del sustento del campo existencial. De esta forma la materia o la sustancia compleja va desarrollando y gestionando otras estructuras atómicas diferentes para otras funciones necesarias para su existencia y su evolución en el tiempo.

El planeta por tanto en su primera fase de creación, va generado de forma autónoma las ideas básicas que permiten con el tiempo ir acumulando nuevas sustancias cada vez más complejas, y estas a su vez generando sus momentos virtuales, existenciales, que le va a permitir seguir creciendo y desarrollándose, hasta que llegado un determinado momento, las condiciones y el nivel alcanzado de ideas complejas acumuladas en el planeta Tierra permiten dar el salto definitivo a las primeras sustancias complejas, a los primitivos seres vivos.

La idea

El tiempo y nuevamente las condiciones externas favorecieron el crecimiento de los seres vivos y poco a poco en el planeta se fue creando y generando la vida en todos sus rincones de forma continuada, y de forma variada, es decir con patrones o campos virtuales de las sustancias complejas cargados de ideas simples y complejas que gracias a la movilidad en el espacio y el tiempo consiguieron aumentar la evolución de esas sustancias para dar el gran salto a la vida, a los cuerpos vivientes que llenaría la Tierra.

La aparición de las sustancias complejas, la implicación de su **Campo Virtual** existencial va a ser el detonante del desarrollo exponencial de las mismas hasta llegar conseguir alcanzar el nivel necesario para la formación de un ser vivo. El entorno y la movilidad, así como el grupo y la colonia de sustancias complejas van a desarrollar las relaciones entre las mismas.

Cuando dos o más sustancias complejas se relacionan por su proximidad o contacto en su propio entorno, los campos virtuales de las mismas van a ser determinantes en sus respuestas mutuas, ya que de alguna manera, dichos campos pueden comunicarse entre sí y generar una respuesta. La capacidad para integrase una en la otra, acoplarse, o simplemente respetarse sin intercambio, va depender de las ideas complejas de ambas y la capacidad de cada una de ellas. Puede haber una respuesta violenta por parte de una de ellas que lleva a la integración en la sustancia dominante de parte o total de la dominada. En este caso el **Campo Virtual** dominante se hace con el control del otro campo, y sus átomos pasan a integrar y fortalecer dicho campo dominante.

El **Campo Virtual** de las sustancias complejas puede alterar no solo sus propios campos magnéticos, sino que incluso pueden enfrentar y modificar la propia organización espacial de los núcleos de los átomos para así poder manifestar una respuesta concreta a otra sustancia compleja. El entorno también será fundamental para el tipo y la capacidad de respuesta de las materias complejas. No solo la radiación solar, también la del propio espacio, así como las condiciones medio-ambientales de entorno, temperatura, estado, presión…

Es importante resaltar la capacidad de **Campo Virtual** de la materia para modificar el flujo electrónico de los electrones en su interior, ya que este flujo y su control son fundamental para el propio desarrollo, crecimiento, y sobre todo evolución de la propia materia existencia y por tanto de los primeros seres vivos.

El átomo pues es el poder real de la materia, en el que no solo está la energía necesaria para su existencia, sino que incluso encierra un sinfín de capacidades, ideas simples y complejas, que le hacen ser el constructor y generador de su propio campo energético, que le va a permitir comunicarse con el exterior volcando sus ideas y generando nuevas ideas complejas a la vez que desarrollando y evolucionando su sustancia compleja hasta llegar al nivel de un ser vivo : nacer, crecer, desarrollarse, multiplicarse y degradarse.

La evolución de las sustancias complejas viene de su capacidad para seguir creciendo, incrementado su forma, su cuerpo, combinándose con otras sustancias complejas, o simplemente asociándose mediante roles que la sustancias compleja dominante acepta para su uso y su propio crecimiento. El desarrollo de las sustancias complejas y su transformación en un ser vivo, es un recorrido en el tiempo, lleno de millones de interacciones con otras sustancias complejas, con millones de posibles combinaciones y asociaciones que le han permitido conseguir construir o alcanzar un armazón único, individual, llamado cuerpo en el que alberga toda una potencial evolución. Esta evolución solo pudo ser posible gracias al **Campo Virtual** de la propia sustancia compleja que fue capaz de procesar, almacenar y generar nuevas ideas simples y complejas con las que ha podido materializarse en su propio desarrollo y crecimiento y en su capacidad de interacción con el medio.

La materia o las sustancias complejas van conociendo y adaptándose poco a poco a su entorno exterior mediante las diferentes potencialidades que va adquiriendo e integrando a su propia estructura espacial procedentes de otras sustancias absorbidas o asociadas, con las podrá conseguir sentir y percibir determinadas condiciones físico-químicas y magnéticas, reaccionar a esos estímulos exteriores y proyectar una imagen sobre su **Campo Virtual** con la información o los momentos virtuales, las ideas simples o complejas de los diferentes parámetros de dicho entorno exterior, referencias que son procesadas continuamente generando otras nuevas ideas que son por un lado almacenadas, y por otro lado, generando impulsos, decisiones o respuestas

La idea

predeterminadas en su cuerpo frente a dichos momentos temporales.

De alguna manera las sustancias complejas van absorbiendo e incorporando de otras sustancias sus capacidades, nuevas posibilidad de ver o contemplar el mundo exterior de su entorno en el que se están desarrollando y por tanto compartiendo su espacio y su energía. Aprender a identificar y analizar el entorno exterior y dotarse de mecanismo de respuesta, no solo para luchar por su supervivencia, sino incluso para poder actuar, ejecutar, moverse y adaptarse al mismo, desarrollando e incorporando las nuevas capacidades de los diferentes mecanismos físicos y mecánicos necesarios para interactuar con el medio.

Las sustancias complejas van evolucionando y acercándose a la fronteras del inicio de la vida, del ser viviente, en la medida en que su **Campo Virtual** se van proyectando y acumulando más ideas simples y complejas a la vez, permitiéndole adquirir una mínima consciencia de la existencia de su entorno, y a la vez, y más importante, de que pueda conscientemente alterar y modificar dicho entorno a su propio antojo. En su continua evolución las sustancias simples y complejas van absorbiendo e incorporando a su cuerpo otras sustancias especializadas en captar determinados sucesos que posibilitan generar o recrear una imagen virtual, espacial y dinámica de lo que ocurre en su entorno exterior próximo. Por tanto, estas especificas sustancias simples o complejas son capaces precisamente de reaccionar de forma individualizada a los diferentes parámetros físico-químicos y magnéticos del entorno exterior, creando flujos eléctricos y magnéticos en la propia materia, recreándose en su **Campo Virtual**, generando otro nivel de energía a partir de dichos parámetros que son convertidos en ideas simples y complejas que son procesadas en dicho campo, generando nuevas ideas más complejas que son transferidas a unos determinados átomos, a sus núcleos, que se acabarán comportándose y evolucionando como la futura memoria cerebral de la propia sustancia compleja dominante del simple ser viviente.

Por tanto, la materia compleja se va dotando de miles de sensores bioquímicos capaces de informar al **Campo Virtual** de lo que está ocurriendo en su exterior: si es de día o noche, si hace calor o frio, si estoy solo o rodeado de otras materias complejas similares, amistosas o no amistosas, si estoy en un medio sólido, líquido o gaseoso, y así un sinfín de marcadores. Todas esas ideas son combinadas y procesadas en el **Campo Virtual** creando nuevas ideas que generen respuestas y decisiones en su propia materia, en el ser viviente inicial.

El planeta Tierra en su primera fase va creando las diferentes sustancias o elementos químicos iniciales que van a permitir en el mismo el camino de la materia hacia la vida, hacia los seres vivos. La acumulación de ideas simples o complejas será el detonante para dar el salto definitivo para la evolución de las materias complejas hacia los seres vivos primitivos. El salto a los seres vivos es un proceso largo que se va dando en la Tierra debido principalmente a que las condiciones favorecieron su aparición. Ha sido el trabajo y la evolución de la propia materia en un entorno propicio durante millones de años en los que la cantidad acumulada de ideas simples y complejas fue lo suficiente importante para provocar la diversidad de la vida en todas las áreas del planeta.

La diversidad hizo saltar la vida de un entorno a otro. La vida no partió de la evolución de un patrón único, sino que surgió gracias a la riqueza y variedad de las sustancias complejas y el grado y nivel de acumulación de ideas en las mismas. La combinación en los diferentes entornos del planeta, el tiempo, y sobre todo la movilidad consiguieron hacer que las sustancias complejas evolucionaran de forma diversa para convertirse en los primeros seres vivos del planeta.

6. - Campo existencial. Átomo generador de ideas.

Los átomos dan la existencia a las sustancias, a la materia. El átomo es la fuente de la que emana la energía que permite su propia existencia, además, encierra en sí mismo, en su interior, unas capacidades, unas ideas simples y complejas que son el origen y la base que posibilita en determinadas circunstancias el desarrollo de la misma materia en otras más complejas, dándole la oportunidad de evolucionar y poder ser capaz de convertirse y llegar a transformarse en un ser vivo.

El núcleo del átomo está formado por diferentes partículas subatómicas y por tanto el conjunto de su núcleo encierra en sí, no solo una amplio espectro de nuevas energías, muchas de ellas aun sin descubrir en la actualidad, sino que, y lo que es más importante, encierran en su armazón atómico las ideas que representan las infinitas potencialidades de la propia materia.

Los átomos se combinan entre ellos no solo formando uniones en base a sus características físicas o químicas, sino que también, dichas uniones les permiten compartir y generar nuevas potencialidades. Crear nuevos vínculos, amistades entre los átomos, ya que su infinitas combinaciones es la que dan lugar a la formación constante de las nuevas sustancias. Estas nuevas sustancias más complejas generan nuevas propiedades, nuevas posibilidades y por tanto nuevas ideas simples o complejas.

Los átomos que configuran esas uniones, esas materias complejas, tiene la capacidad de comunicarse y de identificarse entre ellos mediante un patrón atómico único, que les permite saber que todos ellos son parte de algo común, de la propia sustancia compleja a la que están dando existencia. Esta capacidad de unirse y combinarse con otros átomos para formar sustancias complejas es lo que permite a los diferentes núcleos de sus átomos, a sus partículas sub-atómicas, crear nuevos niveles de energía que se manifiestan en la propia materia, en su propio espacio físico.

Los átomos generan principalmente dos tipos de energías; un primer tipo corresponde con las energías derivadas del movimiento y las cargas del flujo de las nubes de electrones que giran a su alrededor, o saltando entre sus núcleos y por tanto por el interior de la propia sustancia, flujos eléctricos y magnéticos principalmente. Y un segundo tipo, y más importante, la energía que se genera por el acoplamiento entre sí de los núcleos de los átomos con sus partículas subatómicas que configuran la propia estructura o sustancia, el **Campo Atómico Virtual (CAV)**.

En una misma sustancia simple o compleja los átomos que la forman están organizados y formando un red espacial. Dichos átomos se reconocen entre ellos mediante el acoplamiento o resonancia de sus núcleos atómicos, resonancia atómica, en la que intervienen muy directamente sus partículas sub-atómicas, este fenómeno permite a todos sus átomos vibrar y acoplarse mediante una única resonancia atómica generando un campo armónico diferente para cada sustancia. De esta forma la propia sustancia establece un campo de energía de una gran potencialidad en la propia materia que los sustenta. Dicho campo atómico virtual representa por tanto una nueva energía que de alguna manera es como el espejo y la imagen de lo que ocurre en los núcleos atómicos, el reflejo de todas las capacidades y energías de sus partículas sub-atómicas, de su núcleo.

Los átomos, los núcleos atómicos que forman la propia sustancia, por tanto generan su propio **Campo Atómico Virtual (CAV)**, y este es único y diferente para cada sustancia compleja.

La idea

Esta nueva energía en forma de campo atómico virtual representa de alguna manera el primer nivel de consciencia, de existencia de la propia sustancia, de la propia materia. Esta nueva potencialidad de las sustancias simples o complejas es la que le permite pues tener la capacidad de evolucionar y desarrollarse en el tiempo y en el planeta transformarse hacia formas más inteligentes de la materia, como la vida, los seres vivos.

Las sustancias simples o complejas a través de su **Campo Atómico Virtual (CAV)** van a poder experimentar en ese nivel superior de la energía sus infinitas capacidades, no solo para procesar otras ideas simples o complejas, adquiridas mediante el acoplamiento o la combinación con otras sustancias complejas, sino que incluso va a poder intervenir independiente en la organización y modificación de su propia estructura espacial. Se va a convertir en la consciencia de la propia sustancia y será capaz de acumular ideas simples o complejas, procesar otras nuevas a partir de ellas mismas, y sobre todo será capaz de poder ver el mundo exterior, conocerlo, ponderarlo, analizarlo, y tomar decisiones sobre él.

El planeta Tierra va generando constantemente sustancias simple y complejas que en el tiempo van desarrollándose formando nuevas sustancias más complejas, y lo que es más importante, creando y haciendo que el **Campo Atómico Virtual (CAV)** de dichas sustancias sea cada vez, no solo más intenso, sino que acumule un mayor número de ideas simples y complejas que constantemente son procesadas de forma cuántica en dichos campos y a la vez transferidas a los núcleos de los átomos generadores del **Campo Atómico Virtual (CAV),** y viceversa.

El **Campo Atómico Virtual (CAV)** de la sustancia es capaz de tomar decisiones independientes que afectan a su propia materia, a su propia esencia; esta capacidad se va desarrollando paulatinamente a media que las ideas complejas que procesa el **Campo Atómico Virtual (CAV)** encierren nuevas posibilidades de decisiones que puedan alterar no solo la composición de la propia sustancia, sino que puedan incluso ser capaces de reconocer sustancias semejantes en su entorno y adoptar un comportamiento o pauta determinada ante ellas.

La idea

El desarrollo de las sustancias complejas en la Tierra se prolonga en una primera y larga fase de crecimiento acumulativo en el que las principales procesos y decisiones que asume el **Campo Atómico Virtual (CAV)** de la propia sustancia están muy relacionadas con su enorme capacidad y potencialidad para combinarse o unirse a otra sustancias a fin de seguir desarrollando a la vez su estructura y sus capacidades internas.

Las condiciones físico químicas del Planeta favorecen este desarrollo de las sustancias complejas que poco a poco van acumulando en su **Campo Atómico Virtual (CAV)** un gran nivel de ideas y potencialidades que ponen a las mismas en camino hacia otro nivel superior de la materia como son los seres vivos.

Las sustancias complejas a través de su **Campo Atómico Virtual (CAV)** están recibiendo siempre información constante del entorno en el que existen. No solo del mundo que les rodea sino incluso de las sustancias complejas con las que mantiene contacto directo. Los diferentes **Campo Atómico Virtual (CAV)** de las materias de su entorno inmediato se reconocen, se evalúan, se comunican, se transfieren ideas y finalmente toman decisiones que afectan directamente a su propia existencia. Puede unirse parcial o totalmente, puede asociarse mutuamente o incluso puede destruirse o degradarse. El **Campo Atómico Virtual (CAV)** resultante de la nueva sustancia creada o asociada tendrá más capacidades y procesará y acumulará nuevas ideas que le permitirán seguir evolucionando y desarrollando su forma, su existencia. Este proceso a su vez crea en el **Campo Atómico Virtual (CAV)** patrones que agilizan la toma de decisiones de la propia sustancia ya que desarrolla la capacidad del recuerdo y por tanto de la respuesta asociada.

Las ideas procesadas en el **Campo Atómico Virtual (CAV)** son transferidas a los núcleos de sus átomos y toda la información contenida en esas ideas son por tanto expandidas en el micro espacio atómico de los núcleos, para mantenerse, y recordarse posteriormente gracias a las leyes de conservación de la energía de los núcleos atómicos. El **Campo Atómico Virtual (CAV)** puede volver a recordar, traer esas mismas ideas mediante el proceso de llamada inverso a través de los patrones similares que activan las resonancias de los núcleos y producen la respuesta de una imagen o idea generada por el acoplamiento y resonancia de los mismos a unas ideas determinadas.

De esta forma el **Campo Atómico Virtual (CAV)** ante la presencia directa de otra sustancia permite, ordena y es ya consciente de lo que va a acontecer antes del suceso. Por tanto es consciente y de alguna manera permite a su estructura física, tomar decisiones: no generar oposición, unirse totalmente o parcialmente, o combinarse con otra sustancia simple o compleja. O rechazar la unión, repulsa, alejamiento.

Las sustancias complejas a medida que van desarrollándose van reforzando las capacidades de su **Campo Atómico Virtual (CAV)**, de forma que cada vez tiene un mayor y mejor conocimiento del entorno exterior en el que habitan. Es a partir del desarrollo del **Campo Atómico Virtual (CAV)**, el comienzo de la construcción de un cuerpo o naturaleza, de su cuerpo individual, ya que el **Campo Atómico Virtual (CAV)** representa el núcleo central de la propia existencia de su propia materia, de su propia consciencia, y por tanto a partir de él y de los átomos que lo generan se va a construir una nueva sustancia compleja, un cuerpo único, individual que se irá transformando poco a poco en un nivel mayor de la existencia, en los seres vivos.

Con el desarrollo del **Campo Atómico Virtual (CAV)** la sustancia compleja da lugar al inicio de su propia existencia, al comienzo de la construcción del pensamiento de la materia, de la propia sustancia compleja. Este incipiente pensamiento representa el primer armazón, la razón y la causa sobre el cual las sustancias complejas comenzarán a desarrollarse en el planeta hasta alcanzar el nivel de vida, de individuo, con capacidad de nacer, crecer, desarrollarse, reproducirse y degradarse. Las materias complejas van acumulando nuevas ideas complejas a medida que van creciendo y convirtiéndose en materias más complejas, pero todas ellas reguladas por un único **Campo Atómico Virtual (CAV)**.

En el **Campo Atómico Virtual (CAV)** se van desarrollando de forma desigual dos niveles paralelos de consciencia de la materia. Un primer nivel, nivel del **Pensamiento Inconsciente (PI)**, en el que **Campo Atómico Virtual (CAV)** concentra la mayor parte de la energía y es como un gran procesador autónomo que regula y valida el flujo de las ideas simples y complejas de las capacidades de su propia materia, de su esencia. Genera ideas nuevas a partir de las existentes y crea patrones de comportamiento y tomas decisiones sobre los sucesos del mundo exterior.

Otro segundo nivel, nivel del **Pensamiento Consciente (PC)**, en el que una parte importante, pero secundaria de su materia, sustancias simples o complejas de la propia sustancia, que no integran o no forman parte del núcleo central generador del **Campo Atómico Virtual (CAV)**, pero si cuenta con capacidad suficiente para generar un nuevo **Campo Atómico Relativo (CAR)**, campo de energía que le informa o le proyecta hacia el mundo real exterior. Estas partes de su materia son especialmente sensibles y reaccionan al contacto, al ambiente, en definitiva a lo que está ocurriendo en su entorno, en su hábitat. Estas sustancias complejas, estos detectores del mundo real, le construye una "imagen" a la propia sustancia de lo ve en ese mundo exterior . Representa la capacidad de la materia para sentir y percibir la energía y los momentos virtuales del mundo exterior, su entorno.

El **Campo Atómico Relativo (CAR)** por tanto es la representación de los sensores de la propia sustancia, sensores eléctricos y electromagnéticos que generan un campo que es proyectado y concentrado en su propio **Campo Atómico Relativo (CAR)**. Este campo energético se entrelaza, se comunica y le transfiere su información al **Campo Atómico Virtual (CAV)**, y es este el que finalmente procesa la información, generando una respuesta a estos estímulos del **Campo Atómico Relativo (CAR)** en la propia sustancia compleja.

Las sustancias complejas van desarrollando sus capacidades, sus dos pensamientos existenciales, **(PC, PI)**, y alrededor de ellos va conseguir modelar o construir en el tiempo, un modelo de cuerpo determinado, un individuo. Será este modelo evolutivo, un cuerpo formado a partir de una cabeza central pensante, que albergará y concentrará los átomos que generen el **Campo Atómico Virtual (CAV)**, la propia existencia, y alrededor de esta cabeza se desarrollarán todas las partes de su cuerpo (sustancias complejas) necesarias para conocer y sentir el mundo exterior, transfiriendo su imagen al **Campo Atómico Relativo (CAR)**, y lo que es aún más importante, podrá crear los mecanismos de movimiento y

La idea

desplazamiento del propio cuerpo para los diferentes medios de su entorno o hábitat.

Esta evolución de la materia, de las sustancias simples y complejas, hacia la vida, hacia la construcción de su propio cuerpo, hacia el individuo; fue un camino largo en el tiempo en el que las condiciones del Planeta fueron fundamentales para conseguir que las sustancias complejas fueran acumulando paulatinamente ideas simples y complejas y que estas fueran capaces de procesarse en el **Campo Atómico Virtual (CAV)** y a partir de ellas se fuese modelando un núcleo central, una cabeza primaria pensante desde la que se desarrollaría todo un cuerpo, un potencial individuo.

La materia por tanto, en su continua evolución en el planeta fue desarrollando de forma sostenida en el tiempo sustancias cada vez más complejas que iban incorporando nuevas características avanzadas, no solo en su propia estructura física sino que, y mucho más importante, sus energías; tanto del **Campo Atómico Virtual (CAV)** como del **Campo Atómico Relativo (CAR)**, y como consecuencia de su nivel de desarrollo de su propia consciencia, su **Pensamiento Inconsciente (PI)** y su **Pensamiento Consciente (PC)**.

La materia, las sustancia complejas son conscientes de su existencia, pueden ver y sentir el mundo exterior en el que viven y convivir con otras sustancias, y este desarrollo gradual es el que configurará la consciencia de los futuros seres vivos. Un nivel del **Pensamiento Consciente (PC)** en el que la sustancia, la materia, tiene una imagen de su entorno, utiliza sus sensores físico químicos, su sustancias complejas específicas, sus sentidos primarios para descubrir ese mundo exterior, al que empieza a conocer, evaluar y ponderar; a moverse en ese medio, a relacionarse con otras sustancias, en definitiva, representa la parte consciente de pensamiento y tendrá a medida que va desarrollarse un papel muy importante en el comportamiento del futuro pensamiento humano. El otro nivel representa el **Pensamiento Inconsciente (PI)**, el pensamiento profundo, conectado directamente con los núcleos de los átomos que los generan y donde se procesan las ideas simples o complejas. Y a través de este proceso se generan nuevas ideas simples o complejas que son evaluadas e incorporadas al **Pensamiento Consciente (PC)** para su evaluación y validación en el mundo exterior por la sustancia compleja. La combinación de los dos tipos de pensamientos de la materia compleja va creando en la misma una psicología propia, un comportamiento basado en los niveles de relaciones temporales o dominios de ambos pensamientos a la hora de tomar decisiones sobre su propia existencia.

La materia va conseguir dar un gran salto cualitativo en el planeta Tierra que le permitirá, no solo ser capaz de autoreconocerse, ser consciente de su existencia, sino que incluso va a poder intervenir, modificar y alterar su propio entorno en base a sus decisiones, tanto por la necesidad de desarrollarse y subsistir como por su deseo o simple capricho propio.

Los dos tipos de pensamiento de las sustancias irán desarrollándose de forma combinada y desigual, pero acumulando en el tiempo ideas simples y complejas que va a poder conseguir transferir mediante los mecanismos de reproducción o clonación de la propia sustancia, de forma que siempre conseguirá mantener y conservar una parte importante de sus ideas simples o complejas acumuladas en la nueva sustancia resultante, en sus descendientes.

Esta dualidad entre los dos pensamientos de las sustancias complejas representa el inicio de su propia personalidad. Todas las ideas simples y complejas que se van produciendo y generando entre el **Campo Atómico Virtual (CAV)** y el **Campo Atómico Relativo (CAR)** y por tanto en sus respectivos pensamientos, **Pensamiento Inconsciente (PI)** y **Pensamiento Consciente (PC),** mantienen una independencia cognitiva en la propia sustancias compleja, de forma que temporalmente cada una de ellas empieza a tener un protagonismo mayor en la vida de la propia sustancia compleja. Es decir, en una primera fase inicial de las sustancias complejas el **Pensamiento Inconsciente (PI)** predomina y hace que la propia sustancias este aparentemente inmóvil, como aletargada. Pero la evolución y el desarrollo de la misma a medida que va haciéndose más complejas y adquiriendo nuevas características y nuevos sensores externos, incrementan la fuerza del **Campo Atómico Relativo (CAR)** y por tanto de su **Pensamiento Consciente (PC),** dándole la posibilidad de poder conocer y responder paulatinamente ante el mundo externo en el que habita.

La idea

Los dos tipos de pensamiento de la materia compleja interrelacionan continuamente entre ellos y a lo largo del tiempo van gravando y afianzando en los núcleos de sus átomos todos las ideas simples y complejas de su evolución a lo largo de millones de años en la Tierra. De esta forma el futuro cuerpo, el ser vivo resultante, no solo tiene las características y las capacidades de su propio cuerpo evolucionado, sino que en su **Pensamiento Inconsciente (PI)** conserva aún parte de dichas ideas simples y complejas correspondientes a todas sus fases de desarrollo a lo largo de tiempo de la evolución de dicho individuo, especie o grupo.

Pensamiento Consciente (PC) por tanto se convierte en el motor principal de la propia sustancia compleja. El ve y pondera el mundo exterior, dirige y tomas las decisiones que afectan a los sucesos y los procesos relacionados con ese mundo exterior, pero siempre bajo el influjo y el control permanente del **Pensamiento Inconsciente (PI)**, ya que este le proporciona los impulsos y la ideas simples y complejas que necesita para procesar y tomar decisiones sobre los sucesos de las propias sustancias complejas.

La evolución de la materia, sustancias simples y complejas hasta las formas de vida, solo puede ser posible gracias a que las ideas simples y compuestas se combinan, retroalimentan en los dos pensamientos que las propias sustancias son capaces de acumular, a través del **Campo Atómico Virtual (CAV)** y el **Campo Atómico Relativo (CAR)** y por tanto en sus respectivos pensamientos, **Pensamiento Inconsciente (PI)** y **Pensamiento Consciente (PC)**. La evolución requiere siempre una modificación de la propia sustancia compleja en el tiempo, pero partiendo siempre de unas capacidades que se van incrementando y generando nuevas potencialidades en la propia sustancia o en su resultante.

Otra característica importante en las sustancias complejas es el fenómeno de la clonación de las mismas. De esta forma el **Campo Atómico Virtual (CAV)** y el **Campo Atómico Relativo (CAR)** pueden ser transferidos de una sustancia a otra mediante la **Transferencia por Resonancia Atómica (TRA)**. Las sustancias complejas tienen un patrón de resonancia propia para cada una de ellas. Sus núcleos atómicos se reconocen y generan no solo el **Campo Atómico Virtual (CAV)**, único para cada sustancia, sino que este campo como hemos dicho tienen un "código genético cuántico" propio. Las sustancias complejas cuando interrelacionan en su medio, en su hábitat, en su entorno, lo hacen a través de sus **CAV** y por tanto pueden transferirse de uno a otro dichos campos y adquirir y tomar la información del uno al otro, sus ideas simples y complejas. Las sustancias complejas semejantes, con el mismo patrón genético cuántico se comportan de forma que son capaces de reconocerse como idénticas, pero con la capacidad de transferirse igualmente sus respectivos campos. Este proceso es posible gracias al fenómeno de la **Transferencia por Resonancia Atómica (TRA)**.

La materia, en su continua evolución a través de las sustancias simples y complejas va acumulando y conservando en el Planeta las ideas simples y complejas que se van generando a lo largo de todo el largo tiempo desde la formación de la Tierra hasta nuestros días. En los procesos de reproducción de los seres vivos va a estar presente siempre este fenómeno primario, más evolucionado, de la **Transferencia por Resonancia Atómica (TRA),** por el cual el nuevo ser resultante recibe esa transferencia de ideas simples y complejas a través de sus progenitores en los procesos de reproducción o clonación.

La **Evolución** de la materia, de las sustancias complejas, de los seres vivos es un mecanismo de desarrollo relacionado con los conceptos de **diversidad, movilidad y superioridad**. El planeta en su primera fase de formación va creando sustancias simples y complejas, las cuales van acumulando en sus núcleos, en sus **Campo Atómico Virtual (CAV)** y **Campo Atómico Relativo (CAR)** ideas simples y complejas. La diversidad del propio planeta hace que en cualquier parte del mismo se esté generando nuevas sustancias complejas de forma constante, igualmente la capacidad de movilidad de las misma posibilita a dichas sustancias el poder explorar otros entornos diferentes de su origen y tener contacto con la diversidad, aumentando por tanto aún más la capacidad de combinarse y generar nuevas ideas simples y complejas. Además de esta combinación de diversidad y movilidad que permite a las sustancias complejas incrementar su desarrollo, la **Superioridad de sus núcleos, de su Campo Atómico Virtual (CAV) y Campo Atómico Relativo (CAR), en definitiva de sus ideas simples o complejas**, permite que en la combinación entre las sustancias complejas salga como resultante una nueva sustancia evolucionada que resulta de la absorción de la sustancia más débil, menos evolucionada, por la más fuerte o dominante, la más evolucionada.

Este mecanismo de evolución de la materia hasta llegar a la vida, a los seres vivos, va adoptando e incorporando igualmente nuevos mecanismos de transferencia paralelos basados en la genética de los propios seres vivos. No solo se hereda un cuerpo, un armazón, una estructura física, sino que también se transfiere lo más importante de la sustancia, del ser, sus ideas simples o complejas acumuladas a lo largo de la historia del planeta, de la propia evolución de esas sustancias complejas, de los seres vivos, de las especies.

Esa transferencia es fundamental para entender la propia evolución de la sustancia compleja, de los seres vivos, ya que representa su desarrollo y por tanto conserva en su **Campo Atómico Virtual (CAV)** y **Campo Atómico Relativo (CAR)** la información y el conjunto de sus ideas complejas acumuladas, su historia, su comportamiento, en definitiva su experiencia en el planeta.

El factor de la Superioridad de la sustancias representa los motivos por los cuales la materia compleja sigue desarrollándose y evolucionando, combinándose con otras sustancias complejas, en la que una de ellas siempre tiende a absorber para sí, para sus **Campo Atómico Virtual (CAV)** y **Campo Atómico Relativo (CAR)** las ideas simples y complejas de su oponente, y por tanto haciéndose más fuerte, más evolucionada.

La evolución de las sustancias complejas mediante la incorporación de las ideas simples y complejas de otras sustancias que absorbe o se une, produce un factor multiplicador exponencial en los **Campo Atómico Virtual (CAV)** y **Campo Atómico Relativo (CAR),** ya que la incorporación de nuevas ideas complejas, el procesamiento cuántico de las mismas en los núcleos de los átomos generadores de dichos campos, incrementa su potencial y por tanto las características nuevas de la sustancia compleja.

El planeta en esta primera fase de formación de las sustancias complejas está preparando a las mismas para producir el salto cualitativo que se dará con la transformación de las mismas en los primeros seres vivos. Este salto solo podrá darse cuando las ideas simples y complejas acumuladas hayan alcanzado el nivel necesario para conseguir que la materia se transforme y alcanza el nivel de sustancia compleja viva.

La diversidad del planeta nos indica que este proceso se está reproduciendo en muchas partes y hábitats del mismo y por tanto la vida, la sustancia compleja viva, va a dar a luz en muchos lugares del mismo, y lo que es más importante, va a llegar con muchas formas físicas diferentes, como consecuencia precisamente de dicha diversidad. Por tanto, los sucesos del desarrollo y evolución de las sustancias complejas son totalmente aleatorios, y solo responden a su entorno cercano y a las condiciones medioambientales tanto externas como internas de la Tierra.

7. - De la sustancia compleja al cuerpo, al individuo.

La diversidad y la acumulación de millones de sustancias complejas en la Tierra a lo largo de millones de años configuran un nuevo ciclo para estas sustancias complejas. El **Campo Atómico Virtual (CAV)** y el **Campo Atómico Relativo (CAR)** de dichas sustancias han conseguido alcanzar un cierto nivel en su desarrollo lo suficientemente importante para iniciar otro nuevo ciclo o fase relacionada con la formación y la consolidación del cuerpo individual, de una estructura física y química en la cual se encierra un **Pensamiento Inconsciente (PI)** y un **Pensamiento Consciente (PC)** que serán el centro sobre el cual se construirá la evolución del cuerpo individual, el individuo.

La sustancia compleja empieza a tomar consciencia de su existencia a medida y fundamentalmente, del continuo desarrollo evolutivo de su **Campo Atómico Relativo (CAR)** y por tanto del **Pensamiento Consciente (PC)**. El entorno en el que viven las sustancias complejas se convierte en la principal fuente de energía recibida, es en ese micro espacio en el que se van a desarrollar a lo largo del tiempo los cambios evolutivos de la propia sustancia. En ese entorno externo está recibiendo de forma continuada las radiaciones del Sol en ciclos periódicos, noche y día, y por tanto esa radiación es captada por las sustancias complejas y transformadas en distintos tipos de energía para ser consumida o acumulada en su estructura físico-química. A la vez recibe, siente, todo tipo de emisiones de otras sustancias complejas cercanas, reacciona y se hace sensible a los múltiples cambios de los marcadores e indicadores físico-químicos del entorno en el que cohabita.

El **Campo Atómico Relativo (CAR)** y por tanto el **Pensamiento Consciente (PC)** se van desarrollando mediante la absorción, integración o la combinación con otras sustancias complejas que con su incorporación a su propia estructura, le aportan nuevas sensaciones, nuevos incrementos de energía procedentes de otras diferentes fuentes de origen. De esta forma la estructura espacial de la sustancia compleja empieza a desarrollarse y a evolucionar desde el **Campo Atómico Relativo (CAR),** incorporando nuevos marcadores y sensores físico-químicos que se integran en la sustancia compleja dotándolas de nuevas percepciones del mundo exterior.

El **Pensamiento Consciente (PC)** incrementa sus capacidades de percepción del mundo exterior y por tanto empieza a reconocer el entorno y a ponderarlo a partir del flujo físico-químico-eléctrico-magnético que le proporcionar sus primarios sentidos sensoriales. La materia, la sustancia compleja empieza a dibujar, a trazar en su **Campo Atómico Relativo (CAR)** una imagen del mundo exterior y comienza a experimentar con él, tomando las primeras decisiones e interacciones con el mismo.

El **Campo Atómico Virtual (CAV)** refuerza constantemente su energía interna, sus ideas complejas, recibiendo del **Campo Atómico Relativo (CAR)** la información del mundo exterior que ha procesado para ser convertida y transferida a los núcleos del **CAV** para su procesamiento y conservación. La sustancia compleja recibe pues de forma continuada la energía y sensaciones del mundo exterior, muchas de ellas reiteradas y procedentes del mismo emisor, como el sol, por lo que poco a poco empieza a asumir rutinas de comportamiento a los influjos exteriores, rutinas que responden precisamente a los cambios periódicos, rutinarios del entorno. El **Pensamiento Consciente (PC)** empieza a conocer e interpretar dichas sensaciones y rutinas, y empieza a construir y prever la respuesta que la estructura de la sustancia compleja, el cuerpo, debe adoptar ante estas impresiones de sus sentidos sensoriales. De alguna manera empieza a contar el tiempo, los ciclos, ponderando de alguna manera el tiempo temporal y el relativo.

La materia compleja empieza a construir su propio cuerpo de forma paulatina, dotando a su núcleo central existencial, **Campo Atómico Virtual (CAV)**, el parapeto necesario para conseguir evolucionar no solo en su forma, sino en su autonomía existencial. Incorpora a su incipiente cuerpo o estructura física pequeñas funcionalidades a través de la combinación con otras sustancias complejas que son absorbidas por la sustancia compleja central.

Cada aporte de nuevas sustancias simples o complejas en el individuo o cuerpo primitivo incrementa de forma exponencial su capacidad cognitiva, ya que los campos y las fuerzas de las sustancias incorporadas se agregan a los campos **Campo Atómico Virtual (CAV)** y **Campo Atómico Relativo (CAR)** del cuerpo primitivo y amplían por tanto su **Pensamiento Inconsciente (PI)**, así como el **Pensamiento Consciente (PC)**. Poco a poco las sustancias complejas evolucionadas empiezan a tener un mapa de sensaciones de su entorno, y a partir del mismo comienzan a interactuar no solo en el plano consciente dentro de su **Pensamiento Consciente (PC)**, sino que incluso pueden interactuar con el mundo exterior mediante su incipiente pero evolucionado cuerpo individual. De esta interacción recoge nuevas sensaciones a través de sus sensores corporales que son nuevamente procesadas en su **Campo Atómico Virtual (CAV)** y en el **Campo Atómico Relativo (CAR)**.

La materia, las sustancias complejas evolucionadas comienza a desarrollar su personalidad existencial alternando el **Pensamiento Inconsciente (PI),** así como el **Pensamiento Consciente (PC),** este último se convertirá en el principal motor de su desarrollo, de la evolución de la materia, a medida que vaya incrementando los diferentes sensores de materias complejas y por tanto estar más tiempo despierto, atento con el mundo exterior. De esta forma el **Pensamiento Consciente (PC)** de forma continuada procesa millones de sensaciones del mundo exterior que le permiten generar nuevas ideas simples y complejas que son incorporadas a los Campos existenciales de la propia materia compleja.

La personalidad de la materia, de las sustancias complejas, empieza a dotar a las mismas de capacidades para enfrentarse a su entorno. Por un lado, manteniéndola viva, su lucha existencial, y por otro lado, incrementando su capacidad para entrometerse en el medio, en su entorno, tomando decisiones desde el **Pensamiento Inconsciente (PI)** y sobre todo y principalmente desde el **Pensamiento Consciente (PC)** que trasladan como órdenes a su cuerpo, a su estructura, a sus funcionalidades físicas, químicas y magnéticas, a su propia materia o sustancia compleja.

En la fase inicial de creación del cuerpo, del individuo, la **Dualidad del pensamiento** y el nivel de su desarrollo serán ejes fundamentales para poder interactuar no solo en el medio o entorno, para simplemente subsistir, sino que fundamentalmente, para poder relacionarse e interactuar con la propia materia, con las otras sustancias complejas evolucionadas, con su grupo, con sus rivales, con el mundo exterior.

La evolución de la sustancias complejas en la Tierra es un proceso gradual en el que millones de sustancias complejas adquieren y desarrollan sus propias ideas en sus estructuras físicas, en su **Campo Atómico Virtual (CAV)** y en el **Campo Atómico Relativo (CAR)** y ese desarrollo, tanto en la diversidad del medio y el entorno, como en la capacidad de movilidad de dichas sustancias permite a las mismas relacionarse y emprender nuevas combinaciones y absorciones que posibilitan el desarrollo estructural de sus cuerpos, no solo en el desarrollo de sus múltiples y primitivos órganos sensoriales, sino y más importante en el de sus incipientes órganos o miembros locomotores. Igualmente toda la estructura física se creará y se regirá desde un **Pensamiento Dual - PD** soportado fundamentalmente por el **Campo Atómico Virtual (CAV)** y el **Campo Atómico Relativo (CAR)** de la propia sustancia compleja o individuo, los cuales también están sujetos a su continua evolución mediante la concentración y el desarrollo de nuevas estructuras espaciales de átomos dedicados exclusivamente a soportar y dar existencia a su propio pensamiento dual. De esta forma la capacidad cognitiva de las sustancias complejas evolucionadas no solo aumenta y se desarrolla por la acumulación y generación de ideas simples y complejas, sino que también y fundamentalmente, por el desarrollo de su órgano pensante, el

La idea

incipiente cerebro del pensamiento de la materia compleja evolucionada.

Toda la materia, todas las sustancias complejas evolucionadas emprenden un camino en el cual todas ellas de alguna manera han soportado o aportado una pequeña parte de lo que somos actualmente como seres vivos. La materia en su evolución, en las sustancias complejas evolucionadas, comienza a conocer e interferir con el entorno, no solo para adaptarse a él, sino para transformarlo y que sea él finalmente el que se adapte a nuestras condiciones.

La diversidad, la movilidad y las condiciones de nuestro planeta posibilitaron a la materia desarrollar sus ideas simples y complejas, sus potencialidades, y convertirlas en seres vivos a través de una evolución de las sustancias complejas a lo largo de millones de años.

Por tanto el desarrollo de las relaciones entre todas las sustancias complejas del Planeta ha sido la piedra angular de la evolución del mismo. Las relaciones entre las sustancias complejas y las consecuencias de sus decisiones con respecto a su lucha existencial van a depender fundamentalmente de su **Pensamiento Dual - PD** . Las sustancias complejas no solo se van a relacionar en base a sus potencialidades químicas o físicas, sino que influirá y será determinante su actitud, su **Pensamiento Dual (PD)** ante el entorno, ante el otro individuo o las otras sustancias complejas. Los dos pensamientos de ambas sustancias complejas se confrontarán y buscarán en sus ideas simples y complejas patrones o similitudes que les permitan tomar las decisiones sobre qué hacer en el suceso o en el encuentro. El **Pensamiento Dual (PD)** será decisivo ya que será el primero en actuar.

Las relaciones entre las sustancias complejas evolucionadas va a depender de muchos factores, pero siempre van influir poderosamente el factor de la inteligencia que dará la potencialidad a una de las sustancias para imponerse sobre la otra. El desarrollo del **Pensamiento Dual (PD),** y más concretamente el desarrollo del **Pensamiento Consciente (PC),** de su experiencia y de su conocimiento del mundo de exterior, de su entorno, dará un nivel mayor de energía a su **Pensamiento Dual (PD)** a la hora de evolucionar y poder dominar a sus rivales exteriores. Esta diversidad en el **Pensamiento Dual (PD)** dará lugar a múltiples y complejas relaciones e interacciones que harán posible la evolución de la propia materia, de las sustancias complejas evolucionadas.

- **Relación Grupal - Amistosa**

Podrán tener una relación amistosa, intercambiando y mostrando parcialmente sus respectivos **Pensamientos Duales** para poder entenderse, verse y reconocerse como homólogos o parecidos, como semejantes, por lo que no procede a priori a una reacción físico-química entre ellos de combinación o absorción, sino que simplemente comparte y reciben ideas simples y complejas de cada uno de ellos mediante sintonía atómica entre sus **Campos Atómico Virtual (CAV)** y **Campos Atómico Relativo (CAR)**. Estas materias complejas evolucionadas se reconocen y colaboran entre si mostrándose y compartiendo ideas simples y complejas. Estas experiencias y estas relaciones tipo marcan el comienzo de las **sustancias complejas evolucionadas semejantes, el grupo,** que de alguna manera conviven en un mismo entorno y colaboran entre ellas de forma amistosa, respetándose sus estructuras físicas espaciales. Esta colaboración por tanto da lugar a la formación del grupo o materias complejas semejantes que viven y conviven en un entorno específico.

La diversidad del Planeta permite que este proceso se esté desarrollando exponencialmente y por tanto la formación de sustancias complejas evolucionadas y de los grupos semejantes sea el pilar angular de la evolución de la materia a la vida. Los entornos específicos favorecen la proliferación de los grupos y por tanto la posibilidad de mantener su propia existencia y de la su futura evolución. La materia, las sustancias complejas evolucionadas comienza a ver y entender mejor su entorno y a decidir sobre el mismo. Empiezan a dejar su propio rastro, su historia. Empiezan a compartir sus conocimientos.

El grupo representa uno de los saltos cualitativos de la materia, de las sustancias complejas. El entorno, la movilidad, y sobre todo el nivel de desarrollo del **Pensamiento Dual (PD)** posibilita el entendimiento y la colaboración entre dichas sustancias complejas semejantes. El **Campo Atómico Virtual (CAR)** y sobre todo el **Campo Atómico Relativo (CAR)** del grupo mantienen y auto inducen una resonancia atómica propia, un armónico especifico de grupo, que permite a todos los individuos del mismo no solo

La idea

identificarse entre ellos, sino colaborar y protegerse, evitando y rehuyendo la agresión entre semejantes, y a la vez ser capaz de generar mecanismos de reacción de auto-defensa conjunta ante la agresión externa de otras sustancias complejas evolucionadas.

La materia, las sustancias complejas evolucionadas se van transformando en su estructura interna, en su cuerpo y a la vez van coexistiendo con otras sustancias complejas evolucionadas creando grupos semejantes que van a colaborar y sobre todo van a compartir y comunicarse a través del **Pensamiento Dual (PD)** creando de esta manera una afinidad no solo entre sus cuerpos, en su físico, sino y fundamentalmente en su pensamiento. Colaborará, compartirá y se comunicará con su patrón de grupo afín. De esta forma las sustancias complejas del grupo empezarán distinguirse de otros grupos no solo por sus características físicas sino por su diferencias cognitivas del **Pensamiento Dual del Grupo (PDG)**. Esta doble afinidad del grupo será el inicio por tanto de la formación del citado **Pensamiento Dual del Grupo (PDG)** por el que las sustancias complejas evolucionadas en grupo generan, almacenan y procesan ideas simples y complejas relativas a las experiencias de su grupo, de su historia. Las ideas simples y complejas que son generadas a lo largo del tiempo en el **Pensamiento Dual (PD)** del individuo no van a desaparecer con la extinción de ellos mismos, sino que dicho conocimiento o una gran parte del mismo será almacenado y compartido de forma conjunta, parcial o puntual con todo el resto de los individuos del grupo semejante. Y como consecuencia de su propia actividad y la transformación llevada en su entorno, también dejarán una parte importante de su legado existencial, su cultura, su rastro, sus ideas simples y complejas, almacenadas y gravadas en otras sustancias complejas modificadas, transformadas o simplemente creadas por el grupo de forma que las generaciones siguientes puedan mantener, recoger y transformar dichas ideas simples y complejas, su cultura en nueva cultura. Con el grupo empieza la capacidad de almacenar ideas simples y complejas fuera del **Pensamiento Dual (PD)** del individuo, y por tanto empieza la generación y creación artística de la materia, creando soportes físicos que alberguen de una forma subjetiva un conjunto de ideas simples y complejas de su evolución como grupo a lo largo del tiempo, en definitiva de su historia cultural y sus conocimientos del mundo exterior y su entorno.

La idea

El individuo y el grupo marcarán un antes y un después en la evolución de la materia, de las sustancias complejas evolucionadas hacia los seres vivos. Será el inicio de un largo viaje en el que la diversidad, la movilidad y sobre todo el **Pensamiento Dual del Grupo (PDG)** darán paso al desarrollo exponencial de los cuerpos, a la diversidad de los grupos, a la futura genética en la que nacer, crecer, reproducir y morir marcará los limites naturales del ciclo de la vida.

Los individuos, las sustancias complejas evolucionadas, los grupos resultantes, todos ellos competirán por desarrollarse en el Planeta en una lucha continua por su evolución y en la que la batalla continua por la supervivencia existencial de la propia materia, la sustancia existencial evolucionada, será la fuerza más importante que moverá a la propia sustancia a reaccionar y luchar por su propia existencia y la de su grupo.

La supervivencia existencial de la propia sustancia será el motor, causa y efecto de los procesos evolutivos de las sustancias complejas evolucionadas.

La relación en grupo entre las sustancias simples y complejas semejantes desarrollará e impulsará los mecanismos de comunicación entre las mismas, creando una estructura físico-química que conecte el **Pensamiento Dual (PD)** de las dos sustancias. Es decir, una canal de comunicación que permita a las sustancias complejas transmitir y recibir sus ideas simples y complejas desde los propios campos generadores de las mismas, **Campo Atómico Virtual (CAV)** y **Campo Atómico Relativo (CAR)**. De esta forma la sustancia compleja va desarrollando un nuevo y decisivo órgano de comunicación, un canal físico-químico, pseudo-**Órganos Neuronales**, que le permitirá comunicarse con otras sustancias mediante el acoplamiento directo de dichos órganos, produciendo una resonancia armónica especifica entre sus **Pensamiento Dual (PD)**. De esta forma las sustancias complejas empezarán a dominar y a ser capaces de absorber de otras sustancias, transmitir y recibir sus ideas simples y complejas, su experiencias existencias, e incorporándola a su **Pensamiento Dual (PD)**.

La comunicación entre las sustancias complejas semejantes del grupo mediante los acoples de sus pseudo-**Órganos Neuronales** representará una de las características más importantes para la evolución hacia los seres vivos, ya que este tipo de comunicación entre las sustancias complejas posibilitará la cesión y la absorción, la compartición, de nuevas ideas simples y complejas entre las sustancias del grupo, o incluso de grupos diferentes que puedan llegar a acoplarse. Tendrá igualmente un papel muy importante en la clonación o reproducción para la transferencia a los clones o las sustancias descendientes de la carga inicial del **Pensamiento Dual (PD)** de la nueva sustancia.

- **Relación no grupal - Rival – No Amistosa**

Las relaciones no amistosas entre las sustancias complejas se producirán cuando los respectivos **Campos Atómico Virtual (CAV)** y **Campos Atómico Relativo (CAR)** no son capaces de re-sintonizarse entre ellos mismos, y por tanto el **Pensamiento Dual (PD)** de ambas sustancias entra en lucha, en conflicto, produciéndose entre ellos, una reacción físico-química en sus respectivas estructuras físicas. El nivel de la intensidad del grado de la amenaza sobre la integridad existencial de ambas sustancias será la causa determinante en las reacciones de las mismas.

Como consecuencia de esta reacción, una de las sustancias complejas, la más evolucionada, se impone generalmente sobre la otra en el sentido de dominar y sacar ventaja en la relación. Por una lado puede absorber o integrar físicamente la sustancia compleja dominada e incorporarla, parcial o totalmente, a formar parte de su estructura atómica física espacial. La materia dominada resultante, o no absorbida, puede degradarse y perder parte de sus características. Este proceso da comienzo con el contacto entre sustancias complejas y se inicia por tanto en la propia relación de dichas sustancias. La sustancia compleja evolucionada dominante procede al control del **Pensamiento Dual (PD)** de su rival, accediendo al mismo o bien por resonancia atómica de su campo dominante, o mediante el acople de sus pseudo-**Órganos Neuronales**, haciendo por tanto, en esta comunicación un clonando de las ideas simples y complejas del **Campo Atómico Virtual (CAV)** y sobre todo el **Campo Atómico Relativo (CAR)**, e incorporándolas a su **Pensamiento Dual (PD)**. Las nuevas características físicas absorbidas, ideas simples y complejas, se integran en la sustancia compleja dominante, reforzando a la vez su

La idea

estructura y aumentando su capacidad cognitiva, su **Pensamiento Dual (PD)**.

Estos micros incrementos cualitativos y cuantitativos de sustancias complejas que se absorben o se integran en otras sustancias complejas mediante el proceso de la relación se van a estar produciendo de forma continua a lo largo del tiempo, estos sucesos se repetirán durante millones de años en el Planeta haciendo evolucionar la materia hasta alcanzar el nivel del ser vivo. Las sustancias complejas evolutivas van incrementando sus capacidades tanto en su **Pensamiento Dual (PD)** como en su estructura física, su cuerpo, sus sensores, **Órganos Neuronales,** sus órganos motores, su cerebro, el individuo.

Las sustancias complejas que participan en el suceso de la relación entre sustancias, generan pues una reacción resultante a la misma en ambas sustancias, pero esta reacción es de sentido contrario para cada una de ellas. Para la sustancia compleja evolucionada dominante y como consecuencia de ese conflicto no amistoso en la relación, se produce o genera una reacción de **Poder Dominante Existencial (PDE),** que refuerza su capacidad de resistencia y lucha existencial y a la vez dota a su **Pensamiento Dual (PD)** de satisfacción y placer por el incremento no solo de las ideas simples y complejas adquiridas de su rival, sino por la desaparición de la amenaza de la relación con la otra sustancia dominada o degradada, volviendo de alguna manera el equilibrio en su **Campo Atómico Virtual (CAV)** y sobre todo en el **Campo Atómico Relativo (CAR),** y en su **Pensamiento Dual (PD).**

Por el lado contrario, la sustancia compleja dominada y como consecuencia de ese conflicto no amistoso en la relación, produce o genera una reacción de **Clonación por Estrés Existencial (CEE)** en su **Campo Atómico Virtual (CAV).** El nivel de este estrés se corresponderá con una intensidad proporcional en la reacción de su **Campo Atómico Virtual (CAV)** a la amenaza de su destrucción o degradación. Si el nivel de estrés es alto, es decir, en la que la propia estructura física de la sustancia compleja dominada pueda sufrir alteraciones irreversibles que modifiquen su propia estructura interna, y por tanto suponga una amenaza directa a su campo existencial, **Campo Atómico Virtual (CAV),** este responde con una reacción contraria a la sustancia dominante generando una

La idea

masiva **Clonación Atómica por Estrés de la Sustancia Compleja Evolucionada Dominada (CAESCED)**.

Mediante este proceso en la relación por estrés existencial de la materia, de la sustancia compleja, se genera una reacción en su propia estructura física espacial mediante la generación masiva de **CLONES**. Por tanto si el nivel de estrés amenaza la propia existencia de la sustancia, esta generará en su interior una reacción en cadena produciendo o generando una múltiple ruptura atómica en su estructura espacial interna, mediante el desprendimiento masivo de sus **CLONES:**

★ **CLON,** mínima estructura física de la sustancia compleja con **Campo Atómico Virtual (CAV)** auto-clonado al cual se transmite o induce mediante resonancia atómica todas las ideas simples y complejas mínimas necesarias para volver a poder desarrollarse potencialmente como una nueva sustancia compleja siguiendo el ciclo existencial de la propia sustancia que lo genera y por tanto con la capacidad de poder evolucionar, de seguir existiendo.

Este proceso de **Clonación por Estrés Existencial** de las sustancias complejas evolucionadas permite a las mismas mantener un conjunto de ideas simples y complejas en su grupo, en el entorno en el que habitan. De esta forma consigue incrementar la capacidad del **Pensamiento Dual del Grupo (PDG),** dotando a este de un conocimiento acumulativo fruto de la actividad de todos los miembros del mismo.

El proceso de **Clonación por Estrés Existencial (CEE)** se incorpora al **Pensamiento Dual (PD)** de la sustancia nuevas generadas a través de los propios clones y acaba por tanto siendo un proceso reproductivo voluntario de las sustancias complejas. De este modo el grupo consigue incorporar a su cultura, a su **Pensamiento Dual del Grupo (PDG)** esta capacidad de seguir incrementando el nivel de ideas simples y complejas, mediante la **Clonación Voluntaria** y mantener por tanto la evolución y el desarrollo de las sustancias complejas evolucionadas hasta poder alcanzar la formación del ser vivo, el cuerpo, el individuo.

Por todo ello la **Clonación Voluntaria** es por tanto un suceso que permite a la sustancia compleja lanzar un proceso virtual de **Estrés**

Existencial por el que puede dividirse y generar las nuevas sustancias clones a partir de ella misma. Para ello el **Pensamiento Dual (PD)** una vez alcanzado cierto nivel de desarrollo y acumulación de ideas simples y complejas en su estructura atómica, nivel al que necesariamente llega en un determinado espacio de tiempo, una vez alcanzado o rebasado ese nivel o momento, lanza autónomamente el proceso de la **Clonación Voluntaria**. La cantidad y la calidad de los clones generados dependerán precisamente de nivel evolutivo de la propia sustancia compleja y de su nivel de desarrollo.

Las sustancias generadas por la **Clonación Voluntaria** incorporan de su Clonador una nueva estructura existencial formada por:

★ **Réplica mínima de su estructura físico-química** necesaria para poder seguir evolucionando y desarrollarse hasta conseguir alcanzar el nivel de madurez de su Clonador. Incorpora el núcleo central generador del **Campo Atómico Virtual (CAV)** y una copia de sus primarias estructuras sensoriales de su Clonador.

★ **Campo Atómico Virtual (CAV)** copia o replica de su Clonador. El clon generado recibe de su Clonador todas las ideas simples y complejas adquiridas a lo largo de su existencia, su historia, sus procesos evolutivos, por lo que el clon de alguna forma tiene un patrón a seguir en su **CAV** relativo a los procesos evolutivos por lo que debe de pasar. Parte con un conocimiento heredado, ideas simples y complejas de sus Clonador.

★ **Campo Atómico Relativo (CAR)**. La intensidad de campo será proporcional a la capacidad de su estructura física replicada y podrá seguir desarrollándose y evolucionar gracias al patrón heredado de su Clonador.

★ **Pensamiento Dual (PD)**. El clon, la sustancia compleja evolucionada parte ya con un nivel mínimo de desarrollo que le permite conseguir auto reconocerse, conocer y reconocerse ante su grupo.

El grupo es la primera forma social de conocimiento de la materia, de las sustancias simples y complejas. Es en el grupo en el que

La idea

Pensamiento Dual (PD) va a ser determinante para la evolución no solo de la propia sustancia compleja como individuo, sino que además, será en el grupo el lugar en donde empezará a desarrollar exponencialmente su capacidad de relación con otros semejantes o diferentes junto con su entorno.

Las relaciones entre las sustancias complejas que viven en grupo favorecerá sus vínculos, serán reconocibles entre ellos, incrementarán el intercambio, integración y absorción de otras sustancias complejas que fortalezcan principalmente su **Pensamiento Consciente (PC)** y por tanto su entorno. El grupo favorecerá el contacto entre las propias sustancias, haciendo que estas se comuniquen entre ellas mediante los **Órganos de Transferencia del Campo Nuclear (OTCN)** que comunican sus respectivos campos, **Campo Atómico Virtual (CAV)** y en la media que vaya desarrollando sus sensores externos, se intensificará sobre todo el **Campo Atómico Relativo (CAR),** y por tanto globalmente su **Pensamiento Consciente (PC).**

El grupo y sus sustancias complejas específicas por tanto será el comienzo de un largo camino que les llevará a la formación de la vida, de los seres vivos en sus múltiples formas.

El desarrollo del grupo dará lugar también al desarrollo de su sistema primitivo de **Clonación Voluntaria,** individual. La relación entre las sustancias complejas, su afinidad dará lugar a un nuevo sistema de **Clonación Compartida,** por el cual dos sustancias complejas provocan la clonación de una de ellas pero el clon generado llevará la **Réplica mínima de su estructura físico-química** de una de ellas pero recibirá, se le inducirá un **Campo Atómico Virtual (CAV)** a través de sus **Órganos de Transferencia del Campo Nuclear (OTCN),** que será la resultante de los dos campos de sus clonadores, es decir; es una clonación compartida a partir de dos sustancias complejas diferentes, una de ellas aporta el clon físico y la otra induce y suma y hace resultante en el clon una réplica de su **Campo Atómico Virtual (CAV).** Este sistema de **Clonación Compartida** formará parte del **Pensamiento Dual del Grupo (PDG)** y por tanto supondrá un desarrollo muy importante para la formación del cuerpo, del individuo.

La idea

Los individuos del grupo se harán cada vez más selectivos en sus relaciones, y por tanto en el proceso de clonación buscarán las sustancias más afines y más receptivas a sus necesidades reproductivas del **Pensamiento Dual del Grupo (PDG)**. Esta selección se hará cada vez más exigente y hará transformar nuevamente el sistema de clonación dando lugar a una **Clonación Selectiva (CS)**. En este nuevo proceso reproductivo, las sustancias complejas buscarán otras sustancias complejas para activar el proceso de clonación mutuo, esta búsqueda responderá al desarrollo de sus niveles **Pensamiento Dual (PD)** en los que las afinidades de las resonancias entre sus campos, entre sus núcleos atómicos, será determinante para la generación de un nuevo clon más avanzado, ya que recibirá lo mejor de sus clonadores selectivos.

La proliferación de los grupos de sustancias complejas en el Planeta será otro de los procesos evolutivos necesarios para que la materia pudiese llegar a la formación de la vida. La movilidad y la diversidad de las sustancias complejas y por tanto de los grupos, posibilitará poco a poco nuevos tipos de relaciones entre los diferentes grupos en la lucha continua por la supervivencia y por su evolución en la Tierra.

8. - *Principio y desequilibrio evolutivo del entorno.*

El entorno, el espacio terrestre, el micro entorno inicial donde se van a producir y generar las eclosiones de las primeras sustancias complejas que lleven a un sistema evolutivo que permita un equilibrio de crecimiento en el mismo, de forma que las diferentes sustancias complejas que habitan en dicho entorno se vayan desarrollando creando entre ellas un grado de dependencia jerárquico en las que unas dependerán de la existencia y proliferación de las otras, constituyendo por tanto el alimento fundamental de su propia existencia y desarrollo.

Las sustancias complejas más evolucionadas van desarrollando sus potencialidades, su cuerpo y sus capacidades, captando no solo toda la energía que recibe de su propio entorno exterior, del planeta, sino que incluso se "alimenta" de las otras sustancias complejas con las que conviven en su entorno jerarquizado, a las que puede dominar, absorbiéndolas y generando una energía extra que le permite seguir creciendo y desarrollándose para poder alcanzar un nuevo nivel en su crecimiento, en su cuerpo, y a la vez en su grupo; lo que le permitirá en un futuro poder saltar a colonizar otros entornos evolutivos.

Las sustancias complejas que conviven y se desarrollan en un determinado entorno consiguen formar y sostener un orden jerárquico entre ellas mismas, consiguiendo alcanzar un determinado equilibrio de coexistencia existencial entre los diferentes grupos que la forman.

La idea

Los procesos de clonación que se producen de forma continuada en los grupos de las sustancias complejas permiten sostener un principio evolutivo de dichas sustancias complejas y por tanto mantener la evolución de las mismas, tanto en su número como en su desarrollo corporal o estructural interno. El **Campo Atómico Relativo (CAR)**, y por tanto su **Pensamiento Consciente (PC)**, sigue incrementándose con nuevas funcionalidades que adquiere con la absorción de otras sustancias complejas de su entorno a las que incorpora a su estructura sensorial dotándola así de una mayor capacidad para poder sentir, conocer y comprender el mundo exterior que la rodea.

Este proceso acumulativo se va produciendo de forma paulatina en millones de micro entornos terrestres en los que se están generando una jerarquía evolutiva que permite pues a las sustancias complejas crear y mantener un equilibrio sostenido en el que los individuos pueden vivir, coexistir y desarrollarse como consecuencia de la energía que recibe del mundo exterior, y sobre todo de la energía que adquiere y pueden producir al dominar o absorber a otras sustancias complejas de su entorno. Comienza a tener una dependencia energética como consecuencia de su capacidad combinada de evolucionar, crecer y dominar a otras sustancias, alimentarse.

Por tanto, la diversidad de entornos en el planeta permite a la propia materia, a las sustancias complejas, crear y definir todo un árbol jerárquico de dependencia entre ellas mismas, en el que cada una de ellas tiene un lugar y una posición concreta en la escala jerárquica de su entorno. Esta jerarquía en las sustancias complejas generará que solo unas pocas de ellas puedan ponerse en lo más alto de la escala, acumulando y sintetizando en su estructura física no solo las capacidades sino también todas las ideas simples y complejas del conjunto de su entorno.

El proceso evolutivo es pues la capacidad de la materia para desarrollarse partiendo por tanto de una jerarquía evolutiva en la que el resultado final a través del tiempo en la diversidad de los entornos, genera y posibilita la aparición de sustancias complejas dominantes, y por tanto más evolucionadas. Este proceso continuado posibilita la aparición y el desarrollo de millones de estos micros-entornos evolutivos en nuestro Planeta que son capaces de conseguir mantener un cierto equilibrio existencial entre todas las sustancias complejas del sistema jerarquizado que lo forman.

El equilibrio existencial del entorno evolucionado depende en gran medida de la capacidad de las sustancias complejas en captar la energía necesaria del entorno exterior para alimentar las necesidades de toda la cadena jerárquica. Y también de la cantidad de energía extra conseguida y producida como consecuencia de las interacciones y absorciones entre los respectivos individuos o sustancias complejas de un determinado entorno. Esta ecuación, este equilibrio de energías obtenidas, producidas, acumuladas y consumidas, será la base para su desarrollo continuado y por tanto para mantener la existencia del equilibrio energético entre todas las sustancias evolucionadas de dicho entorno evolucionado.

La diversidad del Planeta, su evolución en el tiempo, determinará las mejores condiciones, los mejores espacios y entornos para que ciertas sustancias complejas puedan conseguir desarrollarse de tal manera que lleguen a dominar totalmente su micro entorno, adquiriendo nuevas funcionalidades que le permitan dar el salto a otros entornos colindantes ampliando de esta forma su campo de influencia, y lo que es más importante disputando el mismo a otras sustancias complejas evolucionadas.

El equilibrio del micro-entorno que se produce por la evolución de las sustancias complejas es roto sistemáticamente en la medida en que dichas sustancias complejas estructuran una cadena evolutiva, un orden jerárquico entre las propias sustancias complejas, y en las que las dominantes, necesitan cada vez más sustancias inferiores para subsistir y por tanto necesariamente invaden otros espacio y entornos que le garanticen su continuo desarrollo y por tanto su existencia y la de su grupo.

Este proceso constituye un desequilibrio evolutivo del entorno y de las sustancias simples y complejas del mismo. El micro-entorno se funde y se unifican con otros, formando nuevos entornos más amplios, en los que dan cabida a un mayor número de sustancias simples y complejas, a un nuevo orden evolutivo, a una nueva jerarquía de las sustancias complejas y al desarrollo de las mismas. Y lo que es más importante a que las sustancias complejas dominantes sigan desarrollando sus potencialidades evolutivas, adquiriendo y absorbiendo las ideas simples y complejas de la cadena evolutiva de los nuevos entornos.

La materia, las sustancias complejas empiezan a proliferar de forma exponencial en todo el planeta, creando micro-entornos en los que se desata la lucha evolutiva en la que las sustancias complejas dominantes consiguen adquirir nuevas funcionalidades que van acumulando en su **Campo Atómico Relativo (CAR),** y por tanto en su **Pensamiento Consciente (PC)** y en el **Pensamiento Dual del Grupo (PDG).**

Este desarrollo evolutivo del entorno produce por tanto sustancias complejas evolucionadas que consiguen dar el salto a otros entornos exteriores, colonizándolos y disputándoselo a otras sustancias jerarquizadas del mismo, produciéndose de esta forma un nuevo desequilibrio evolutivo de los entornos que le lleva a un cambio profundo al desarrollarse nuevas reglas evolutivas que propician nuevos equilibrios evolutivos y por tanto una nueva jerarquía entre las sustancias complejas.

La materia poco a poco consigue evolucionar de forma que la diversidad del planeta le permite ir adquiriendo las ideas simples y complejas que se van desarrollando y acumulando en los millones de micro-entornos en los que las sustancias simples y complejas va evolucionando con el paso del tiempo.

Este proceso de equilibrio del entorno y desequilibrio evolutivo del mismo es el que permite a las sustancias complejas evolucionar, dominando y adaptándose cada vez mejor a un entorno más amplio y con mayor número de sustancias complejas jerarquizadas, dependiendo por tanto la existencia del equilibrio y del desequilibrio de las propias necesidades entre dichas sustancias complejas. El desarrollo de las sustancias complejas dominantes serán las principales causas y motivos de los desequilibrios de los entornos, ya que estas siempre supeditarán su desarrollo y su existencia sin tener en cuenta los equilibrios evolutivos de los entornos.

Dentro de este sistema evolutivo, dentro de los procesos que se van desarrollando en los mismos, las sustancias complejas dominantes empiezan a tener una consciencia superior frente a una escala jerárquica de sustancias de su entorno, este potencial que se va acumulando y procesando en su **Campo Atómico Relativo**

La idea

(CAR), y por tanto en su **Pensamiento Consciente (PC)** le permite aumentar su capacidad de crecimiento evolutivo, su cuerpo, de forma exponencial. No solo consigue absorber e incorporar a otras sustancias a su estructura, su cuerpo, sus ideas, sus capacidades; sino que incluso consigue incorporar mediante simbiosis, asociación molecular, a grupos de sustancias compleja integrándolas en su propia estructura, su cuerpo, para su control.

Estas capacidades se formación del cuerpo de las sustancias complejas se producen precisamente en los entornos evolutivos en los que las sustancias complejas que viven en el mismo, de alguna manera son capaces de asociarse bajo el control de un **Campo Atómico Relativo (CAR),** y por tanto de su **Pensamiento Consciente Dominante (PCD),** formando una nueva sustancia compleja más evolucionada y como resultado de las características específicas del propio entorno.

El planeta, la materia, las sustancias complejas sus **Campo Atómico Relativo (CAR),** y por tanto en su **Pensamiento Consciente (PC)** siguen un proceso evolutivo continuo, favorecido por un lado por la energía que recibe la Tierra del Sol, y por otro lado, por el auto-alimento físico-químico mediante la absorción de otras sustancias complejas.

La vida y la muerte de las sustancias complejas viene definido por su capacidad existencial que le da su **Campo Atómico Virtual (CAV)** generando su **Pensamiento Inconsciente (PI)** y su continua evolución en el planeta mediante el reforzamiento acumulativo de su **Campo Atómico Relativo (CAR),** y como consecuencia de su nivel de desarrollo de su propia consciencia, y por tanto de su **Pensamiento Consciente (PC).** La sustancia compleja evoluciona en sus entornos y poco a poco va desarrollando esa pequeña inteligencia que día a día se va reforzando con la experiencia de su propia existencia y con el desarrollo de las capacidades de ver y entender el entorno mediante sus propios sensores.

Las ideas evolucionadas se van acumulando en todos los entornos evolutivos, van generando otras ideas más avanzadas, y sobre todo van saltando de un entorno a otro mediante su propia movilidad o mediante la fuerzas físicas del planeta que mueve y traslada de un lugar para otro esos millones de ideas para que la combinación de las mismas autogenere nuevas posibilidades de desarrollo para las sustancias y permita llegar a las misma al nivel de la vida, del ser vivo, tal como la entendemos hoy en día.

Fue un largo camino de millones de años en los que la materia fue capaz de evolucionar hasta conseguir un planeta diverso y lleno de biodiversidad en el que todos los seres vivos evolucionan dentro del principio de equilibrio y desequilibrio de los propios entornos evolutivos de dichos seres, de su sistema evolutivo, de su sistema jerárquico, todo ello fue capaz de impulsar a la simple materia, de ideas simples, sin pensamiento consciente, a las materias complejas con pensamiento consciente, y estas evolucionar a seres vivos con sentimientos.

Dentro de los propios entornos evolutivos adquiere un papel muy importante las **Sustancias Complejas Dominantes Libres (SCDL)**. Estas sustancias aparecen entre los individuos de los propios grupos que conviven en un entorno evolucionado, en equilibrio, y en el que las ideas complejas de estas sustancias contienen suficientes contradicciones que las impulsan a romper con el grupo y por tanto con el equilibrio del mismo. Las sustancias complejas dominantes ocupan un escalafón superior en la jerarquía del entorno y cuando aumenta cualitativamente su número, el equilibrio se rompe y por tanto surge la lucha por la supervivencia entre dichas sustancias complejas por mantener su espacio y su propia existencia.

La lucha existencial entre las propias sustancias complejas de la materia le lleva casi siempre a una degradación de al menos una de ellas, que es absorbida o destruida por su oponente en la mayoría de los casos, pero puede ocurrir que ciertas sustancias complejas rehúyan esa lucha existencial directa con los miembros de sus propio grupo y se conviertan en **Sustancias Complejas Dominantes Libres (SCDL)** con capacidad de salir de grupo, de su entorno y buscar en otros entornos su espacio vital para seguir evolucionado, creando o intentando generar nuevos grupos semejantes más evolucionados como fruto del contacto con otras sustancias complejas de otros nuevos entornos. Este comportamiento individualista de la materia es el resultado de la evolución combinada y desigual de sus dos pensamientos generados a partir del **Campo Atómico Virtual (CAV)** y del

La idea

Campo Atómico Relativo (CAR), Pensamiento Inconsciente (PI) y Pensamiento Consciente (PC).

Las **Sustancias Complejas Dominantes Libres (SCDL)** de alguna manera adquieren la potencialidad de decidir, elegir entre varias ideas existencialistas que le permitan ser capaces de salir de su entorno, de su espacio, de su propio grupo y moverse o desplazarse a otros entornos distintos en los que tendrán que valerse de sus capacidades para seguir existiendo y a la vez evolucionado y jerarquizándose en su nuevo espacio.

Las **Sustancias Complejas Dominantes Libres (SCDL)** son por tanto las portadores de las ideas simples y complejas que escapan de un entorno en equilibrio y jerarquizado, de un grupo homogéneo dominante, en el probablemente no tengan un espacio suficientemente vital para subsistir y busca por tanto otros entornos en los que poder competir y mantener su existencia y su propia evolución, evitando por tanto retarse en su propio grupo con otras sustancias complejas dominantes.

Esta capacidad de decisión de las sustancias complejas libres es la consecuencia del desarrollo exponencial de sus ideas en su **Pensamiento Dual (PD)**, al generar este ante una misma situación o proceso existencial varias alternativas de comportamiento al mismo, lo cual posibilita a la sustancia a elegir, a escoger entre varias ideas que se han formado en su **Pensamiento Consciente (PC)**, para elegir y por tanto tomar la decisión que mueva toda su estructura física, su cuerpo en la dirección y las coordenadas que conlleve la decisión de la idea elegida.

Esta capacidad en Las **Sustancias Complejas Dominantes Libres (SCDL)** es el motor principal del movimiento de las ideas complejas de un entorno a otro, y por tanto es la base de alimento de las sustancias complejas para seguir evolucionado y recibiendo nueva información, nuevas ideas simples y complejas que faciliten la evolución a otras sustancias complejas, a otros entornos más amplios.

Las ideas necesitan evolucionar en los núcleos de los átomos a través de su **Campo Virtual** y **Campo Relativo** de forma que sus **Pensamientos Duales (PD)** se incrementen con nuevas ideas complejas nacidas precisamente de la interacción de la propia materia, de la propia sustancia con su entorno exterior, con su grupo, en su continua lucha por la existencia y su propia evolución.

9. - *Transferencia de ideas y comunicación de la materia.*

La materia en su largo camino hacia la vida en nuestro planeta ha necesitado de tiempo, millones de años, y de determinados procesos que han permitido este salto cualitativo de unos simples átomos, a convertirse en toda una diversidad de la actual naturaleza. La Tierra ha evolucionado básicamente mejor que el resto de los otros planetas del sistema solar, no solo porque sus condiciones iniciales fueron las óptimas, sino porque además la propia materia consiguió desarrollar sus capacidades y generar las ideas simples y complejas que sirvieron de base para las primeras vidas inteligentes en nuestro planeta.

Uno de los procesos más importantes y determinantes en este proceso evolutivo ha sido la capacidad de transferencia de ideas simples y complejas, de información, entre las distintas sustancias simples y complejas, entre la propia materia evolutiva.

Las sustancias simples y complejas son la base del inicio de esta trayectoria que llevará a la propia materia a poder alcanzar un nivel de organización inteligente, la vida y la especia humana.

Para entender y explicar estos procesos tenemos que partir de las propias sustancias complejas las cuales han posibilitado esta evolución gracias precisamente al desarrollo de la capacidad de

La idea

comunicación y de transferencia de ideas simples y complejas entre ellas mismas.

Las sustancias complejas existen y evolucionan en distintos entornos y en los que de alguna manera consiguen alcanzar nuevos niveles evolutivos que le permiten saltar y conquistar otros nuevos entornos más amplios, con nuevas sustancias con las que volver a seguir compartiendo y adquiriendo ideas simples y complejas.

La primera interacción de las sustancias complejas se produce mediante el contacto directo entre ellas mismas. Este primer contacto físico entre dos sustancias complejas genera en un punto espacial concreto, un nuevo campo común inducido, campo que se crea a partir de la reacción existencial del **Campo Atómico Virtual (CAV) y** el **Campo Atómico Relativo (CAR)** de ambas sustancias. El contacto físico con otra sustancia compleja por tanto desencadena un proceso por el cual ambas sustancias generan un nuevo **Campo Virtual** en el espacio de contacto. Estos dos campos virtuales inducidos por sus respectivos núcleos atómicos empezarán a sintonizarse mutuamente en la misma medida que ambas sustancias sean compatibles entre ellas mismas. O lo que es lo mismo, que tengan capacidad de afinamiento, y esto solo será posible si los núcleos atómicos generadores de sus campos existenciales tienen los mismos patrones cuánticos de resonancia, o las mismas claves criptogámicas de acceso a sus núcleos cuánticos. Este primer proceso será determinante para las sustancias del mismo grupo existencial ya que permite a las mismas identificarse mutuamente y por tanto ser capaces de conseguir fusionar plenamente en un solo campo inductivo la resultante de las energías generadas por ambos campos.

Por tanto, la primera consecuencia del contacto físico de las materias complejas es la creación de un punto de encuentro, dicho punto se convertirá en el **Puerta de Transmisión Energética (PTE),** en dicha puerta espacial de ambas sustancias, se generará un nuevo campo energético, llamado **Campo de Trasferencia Mutuo (CTM).** En dicho **Campo Virtual** común se generará un **Pensamiento Virtual de Transferencia Dual (PVTD)** y este será el receptor temporal de las transferencias de ambas sustancias que inducirán en el mismo no solo la suficiente energía para su existencia temporal, sino que incluso transferirán ideas simples y complejas al mismo que se asociarán y se procesarán para dar nuevas resultantes de las mismas, que puedan provocar en ambas sustancias procesos físico-químico que conlleven a movimientos y trasferencias de parte de las sustancias de un cuerpo complejo al otro. Se producirán procesos de absorción no solo de sustancias, sino y lo más importante, se producirán procesos de transferencia y absorción de las ideas simples y complejas entre ambas sustancias.

El proceso de la comunicación de la materia se inició precisamente gracias al contacto físico de las sustancias complejas que generaron en ese punto, en la **Puerta de Transmisión Energética (PTE),** y de forma temporal, un nuevo **Campo de Trasferencia Mutuo (CTM)** que albergará un **Pensamiento Virtual de Transferencia Dual (PVTD)** en el que las ideas simples y complejas de ambas sustancias podrá tener su propia existencia temporal, y lo que es más importante, la capacidad de compartir información, ideas simples y complejas, partiendo de una colaboración mutua, con aporte de energía por ambas sustancias y sobre todo sus capacidad de procesamiento y de conseguir obtener nuevas ideas simples y complejas más elaboradas.

La posición espacial y la intensidad de este campo común compartido entre las dos sustancias complejas, **Campo de Trasferencia Mutuo (CTM)** y por tanto de su **Pensamiento Virtual de Transferencia Dual (PVTD)** dependerán de diferentes factores que condicionará el futuro de la forma de comunicación de las mismas, y por tanto de la propia materia.

La primera característica importante en este proceso comunicativo entre las sustancias complejas es la **Resonancia Cuántica (RC)** de ambas sustancias complejas, ya que de ello va a depender no solo la intensidad del **Campo de Trasferencia Mutuo (CTM),** sino que servirá de identificación entre las sustancias del mismo grupo o familia, o de otras jerarquías dentro de su entorno y por tanto según la afinidad de las mismas facilitará una resonancia más o menos amigable entre las propias sustancias en contacto. El inicio de la **Resonancia Cuántica (RC)** obligará a ambas sustancias complejas a buscar el mejor acople físico efectivo, es decir, a buscar la mejor posición espacial de acople de ambas **Puertas de Transmisión Energética (PTE),** por lo que la energía del acople llevará a ambas sustancias a conseguir resolver y por tanto alcanzar de forma óptima una posición espacial determinada y efectiva mediante el **Ángulo Cuántico de Transmisión Energético (ACTE)**

Si son sustancias complejas pertenecientes al mismo grupo su **Campo de Trasferencia Mutuo (CTM)** será más intenso ya que podrá auto-generase mediante una sintonización mutua, produciendo por tanto armónicos resultantes más intensos como fruto de la afinidad cuántica de sus núcleos. En este campo energético temporal ambas sustancias no solo transfieren y aúnan sus energías cuánticas, sino que además transfieren ideas simples y complejas que procesan generando a la vez, nuevas ideas resultantes de su interacción recíproca, consiguiendo por tanto alcanzar una asociación en común (capacidad de compartir). Este proceso de **Resonancia Cuántica (RC)** que retro-alimenta temporalmente el **Campo de Trasferencia Mutuo (CTM)** mediante la doble transferencia energética de ambas sustancias complejas tiene una capacidad de almacenamiento y de duración limitado por el cual al conseguir superar un cierto nivel de energía cinética cuántica acumulada, **Nivel de Ruptura de Campo (NRC)**, un cierto umbral en el que el propio campo acabará explosionando o colapsando, provocando por tanto una expansión de su energía acumulada que será re-absorbida y llegará impactando directamente a sus respectivos **Pensamientos Duales** de las sustancias en contacto. Con esta expansión de la energía de **Campo de Trasferencia Mutuo (CTM)** finalizará la transferencia y los procesos de comunicación y de compartición mutua. Cesará la **Resonancia Cuántica (RC),** se desacoplara las **Puertas de Transmisión Energética (PTE),** liberándose ambas sustancias complejas de su posición o **Ángulo Cuántico de Transmisión Energético (ACTE).**

Estos procesos de transferencia y de comunicación entre las sustancias complejas conllevan un consumo de energía y por tanto es necesario la reposición de este equilibrio energético en la sustancia, ya sea mediante la absorción de otras sustancias simples y complejas inferiores, alimenticias, como con la captación y transformación de la energía exterior del propio planeta Tierra y del Sol principalmente.

Los procesos de comunicación y transferencia de ideas simples y complejas entres las sustancias va a ser el mecanismo fundamental y cotidiano de las mismas que potenciará exponencialmente tanto su desarrollo físico-químico como su capacidad para relacionarse y conocer su entorno.

El proceso de la comunicación entre las sustancias empieza por tanto con el contacto entre ellas mismas a través de un punto físico, a través de una **Puerta de Transmisión Energética (PTE)** en la que se autogenerará un **Campo de Trasferencia Mutuo (CTM)**. Este campo temporal tendrá una intensidad y un tiempo de existencial en función de las características de las propias sustancias y por tanto estará sujeto a unas pautas de comportamiento mutuo.

En el proceso de la comunicación entre las sustancias ser producen diferentes alteraciones en su estructura espacial que conlleva necesariamente el consumo y el equilibrio de energía de sus respectivos núcleos atómicos. La **Puerta de Transmisión Energética (PTE)** que se abre o se excita en el contacto entre las sustancias activa los respectivos protocolos en sus átomos obteniendo una respuesta de los mismos mediante la generación de un **Campo de Trasferencia Mutuo (CTM)**. Este campo energético es activado en un primer momento por el **Campo Atómico Virtual (CAV) y Campo Atómico Relativo (CAR)** de las propias sustancias en contacto, generado en sus propios núcleos atómicos, en sus partículas subatómicas una respuesta energética resultante mediante interposición en el punto de contacto de las sustancias de sus respectivos **Campos de Trasferencia Mutuo (CTM)**.

El **Campo de Trasferencia Mutuo (CTM)** es un campo energético resultante de la vibración de las partículas de los núcleos atómicos de la sustancia compleja, proyectando está en el punto espacial de contacto, una imagen energética virtual de su mundo espacial energético mediante la resonancia de sus partículas subatómicas. Por tanto, en el punto de contacto se crea un **Campo de Trasferencia Mutuo (CTM)** en el que internamente se formará una nueva estructura atómica mediante la creación energética del **Núcleo Atómico Virtual (NAV)**, sin masa atómica pero con la energía y capacidad de un verdadero núcleo atómico con capacidad de influir no solo en el resto de la estructura física espacial de la sustancia sino, y lo más importante en el control y flujo temporal de sus propios electrones.

La idea

El **Campo de Trasferencia Mutuo (CTM)** es un campo energético formado por una red espacial organizada de diferentes tipos de **Núcleo Atómico Virtual (NAV)** que se comportan como tales, pero carecen de masa propia y por tanto son meras proyecciones energéticas de los núcleos atómicos de la propia materia compleja que mediante la resonancia subatómica es capaz de generar y proyectar en un espacio y tiempo delimitado. Estos **Núcleo Atómico Virtual (NAV)** por tanto se comportan como verdaderos átomos y por tanto van a ser responsables de las transferencias energéticas que se van a desarrollar en el proceso de la comunicación y transferencia de ideas simples y complejas de la materia.

En la comunicación entre las sustancias complejas a través del contacto directo mediante la **Puerta de Transmisión Energética (PTE)** de ambas sustancias y la autogeneración respectivas de sus **Campos de Trasferencia Mutuo (CTM)** se iniciará el proceso de sintonía, de **Resonancia Cuántica (RC)** entre las sustancias en contacto, consistente por tanto en la fusión de sus respectivo **Campos de Trasferencia Mutuo (CTM)**. El nivel de intensidad de dicho campo dependerá principalmente de la capacidad de la resonancia mutua, siendo mayor esta interacción en la medida que ambas sustancias tengan capacidades similares o sean del mismo grupo o entorno, es decir tenga la misma llave, las mismas claves criptogámicas de acceso a sus núcleos atómicos cuánticos.

La posición espacial del campo resultante de la interacción de sus respectivos **Campos de Trasferencia Mutuo (CTM)**, en el punto de contacto inicial, estará condicionada principalmente por sus respectivas intensidades, variará su posición inicial por tanto, en función del carácter dominante de una de la sustancias en contacto. Es decir el **Campo de Trasferencia Mutuo (CTM)** se moverá desde el punto de contacto inicial y se concentrará paulatinamente dentro del espacio atómico de una de las dos sustancias en contacto no dominante. La sustancia compleja dominante será capaz de hacerse con el control energético resultante del **Campo de Trasferencia Mutuo (CTM)** desplazándolo hacia el interior de la otra sustancia con menos energía cuántica. Este comportamiento en el desplazamiento del **Campo de Trasferencia Mutuo (CTM)** tendrá importantes repercusiones en el resultado de la comunicación así como en las transferencias de las ideas simples y complejas en las propias sustancias, igualmente esta conducta marcará la forma de comportamiento y pauta entre las sustancias jerarquizadas de un entorno.

Este desplazamiento del **Campo de Trasferencia Mutuo (CTM)** desde el punto inicial de contacto hacia una región espacial de una de las dos sustancias va a posibilitar a la sustancia dominante evolucionada poder conseguir alterar, modificar o incorporar parte de dichas estructuras físicas para incorpóralas a su propio cuerpo, o simplemente absorberlas para conseguir generar energía o alimento para su consumo.

Igualmente este comportamiento de las sustancias complejas con respecto a la forma de comunicarse en su entorno jerarquizado va a incorporar como una rutina, una conducta orientada a través del **Campo de Trasferencia Mutuo (CTM)**, en su **Pensamiento Virtual de Transferencia Dual (PVTD)**, por la cual si su carácter es dominante en su comunicación adopta el rol de **Sustancia Compleja Inductor (SCIR)**, y si es menos dominante o dominada adopta el rol de **Sustancia Compleja Inducida (SCIA)**. Entre ambos extremos hay un amplio abanico intermedio en la forma de la comunicación entre las propias sustancias complejas, y por tanto en sus consecuencias posteriores.

Las sustancias complejas aprenden en su entorno jerarquizado a comunicarse y transferirse sus ideas simples y complejas, a evolucionar no solo en sus capacidades sino en su estructura física, ya sea absorbiendo o incorporando nuevas sustancias a su estructura o simplemente convirtiéndolas o transformándolas en energía, alimento. Ese proceso de la comunicación en su entorno jerarquizado le genera pautas de rutina, de comportamiento en la manera de actuar frente a las otras sustancias en función de su carácter dominante creando y generando en su **Pensamiento Virtual de Transferencia Dual (PVTD)** una pauta como **Sustancia Compleja Inductor (SCIR)** o como **Sustancia Compleja Inducida (SCIA)**. Igualmente el punto de contacto de la materia compleja se va especializando y va evolucionando en función precisamente de esa pauta o rol dominante en la comunicación y por tanto va transformar la **Puerta de Transmisión Energética (PTE)** de las sustancias en **Puertos Inductores (PIR)** o **Puertos Inducidos (PIA)**. De esta forma las sustancias complejas van evolucionando su estructura, su cuerpo y

La idea

por tanto van adaptando su **Puerta de Transmisión Energética (PTE)** en **Puertos Inductores (PIR)** o **Puertos Inducidos (PIA)** de manera que consigan obtener el mejor acople posible mediante el **Ángulo Cuántico de Transmisión Energético (ACTE).**

Una vez generado el **Campo de Trasferencia Mutuo (CTM)** en la comunicación de las dos sustancias complejas mediante la **Puerta de Transmisión Energética (PTE)** utilizando las **Puertas Inductoras o Puertas Inducidas,** una vez estabilizado y posicionado dicho campo de trasferencia en la red espacial tanto de una de ellas o entre ellas mismas, según el carácter dominante de las sustancias, en ese preciso momento, se produce la resonancia cuántica del campo energético formado una nueva red espacial organizada por diferentes **Núcleo Atómico Virtual (NAV)** que se comportan virtualmente como tales de forma que son capaces de generar un campo intenso que hacen desprender a los electrones de los átomos de las estructuras físicas contenidas en la que se ha posicionado el **Campo Virtual** creando un flujo intenso de electrones que se van posicionado alrededor de dichos **Núcleo Atómico Virtual (NAV)** , convirtiendo el **Campo de Trasferencia Mutuo (CTM),** y su **Pensamiento Virtual de Transferencia Dual (PVTD)** en una estructura semi-virtual , formada por núcleos virtuales pero con electrones con carga y masa.

El **Campo de Trasferencia Mutuo (CTM),** y por tanto su **Pensamiento Virtual de Transferencia Dual (PVTD)** adquieren la capacidad de generar una red espacial virtual en la que los electrones son captados por dicho núcleo formando en ese espacio virtual un nuevo campo electromagnético que retroalimenta la energía de campo. Las ideas simples y complejas son transferidas desde los respectivos **Campo Atómico Virtual (CAV)** y **Campo Atómico Relativo (CAR)** de ambas sustancias y procesadas en el **Pensamiento Virtual de Transferencia Dual (PVTD).** Este proceso de transferencia genera una nueva energía acumulativa que se va incrementando a medida que las transferencias de ideas simples y complejas se vayan manteniendo y a la vez que el flujo de electrones liberados de sus núcleos originales y captados por los **Núcleo Atómico Virtual (NAV)** se mantengan estables. Este proceso se va incrementando y retroalimentando hasta llegar a un umbral energético del campo en que los electrones captados que giran sobre sus núcleos virtuales y que atraviesan así mismo la estructura espacial física de las sustancias empiezan a crear un desequilibrio en los núcleos atómicos de dichos átomos y por tanto generan una nueva energía en los mismos hasta que el proceso virtual llegue a un punto, un umbral energético, en que el **Campo Atómico Relativo (CAR)** y su **Pensamiento Virtual de Transferencia Dual (PVTD)** se colapsen y dejen libres a los electrones y por tanto liberen toda la energía cinética acumulada y de carga de todos los electrones captados, **Punto de Ruptura de Campo (PRC)**.

Esa explosión electrónica lanza a los electrones en todas las direcciones creando un flujo eléctrico importante entre las sustancias complejas acopladas, **Flujo de Retorno Cuántico (FRC)**. Los electrones no solo crean una corriente eléctrica en su movimiento de retorno a sus enlaces, sino que en el momento del colapso crean una onda explosiva cuántica que recorre toda la estructura de las sustancias acopladas, esa onda produce una resonancia cuántica en todos los núcleos de los átomos. Es una transferencia de energía cuántica generada y acumulada en el **Pensamiento Virtual de Transferencia Dual (PVTD)** que se expande a toda la sustancia.

Este colapso, este **Flujo de Retorno Cuántico (FRC)** puede tener diferentes consecuencias para las sustancias acopladas, ya que la intensidad del mismo puede provocar la ruptura de una parte de los enlaces en una o ambas sustancias. Este proceso evolutivo de la materia permite el intercambio y la trasferencia de ideas simples y complejas y por tanto de sus estructuras físicas.

Si una de las sustancias complejas es más dominante puede conseguir liberar y absorber parte de la estructura física de la otra sustancia menos dominante, incorporándola a su propia estructura, junto con sus ideas simples y complejas. Esta absorción puede ser como una forma de alimento que puede procesar y convertir en energía para mantener su estructura y sus ideas simples y complejas. También puede darse el caso de que ambas sustancias se acoplen mutuamente asociándose una de ellas en la sustancia dominante.

La idea

Otro nivel del colapso se puede dar cuando una parte de la estructura física de una o de ambas sustancias, se libera y consigue formar una nueva sustancia compleja con una herencia de ideas simples y complejas de ambas sustancias.

El colapso no tiene por qué suponer una ruptura de las sustancias acopladas y puede producirse el mismo sin tener consecuencias en sus estructuras y enlaces atómicos. La comunicación en estos casos es completa y ambas sustancias reciben las transferencias de ideas simples y complejas procesadas en el **Pensamiento Virtual de Transferencia Dual (PVTD)**.

Es importante señalar que el comportamiento de los electrones cuando son captados por los **Núcleo Atómico Virtual (NAV)** difiere del movimiento y los niveles de energía y carga negativa que adoptan en sus respectivos núcleos atómicos. Los **Núcleo Atómico Virtual (NAV)** consiguen neutralizar dicha carga negativa convirtiendo estas partículas en pequeñas masas que son concentradas formando grupos de electrones unidos en una masa asociada, un **Pulso Cuántico Electrónico (PCE)**, que es puesto en movimiento ondulatorio alrededor de los **Núcleo Atómico Virtual (NAV)**. Estos grupos de electrones van consiguiendo adquirir y acumular energía cinética y cuántica de forma exponencial y llegado al límite del umbral de la ruptura del **Campo Atómico Relativo (CAR)** y su **Pensamiento Virtual de Transferencia Dual (PVTD)** provocando en ese momento la liberación prematura de los pulsos de grupos de masas de electrones, que salen despedidos ya sin control de su acotado espacio, colisionando entre ellos y produciéndose en estos choques una fisión de electrones, **Fisión Electrónica (FE)** con liberación de nuevas partículas subatómicas y la generación de energía en forma de una onda cuántica expansiva que recorrerá y sacudirá toda la estructura espacial de las sustancias acopladas. Esta sacudida cuántica produce el desacople físico de las sustancias y el cierre de la **Puerta de Transmisión Energética (PTE)** y sus **Puertos Inductores** o **Puertos Inducidos**.

El proceso de la comunicación de las sustancias complejas será fundamental para la evolución de las mismas en el planeta, gracias al desarrollo de este proceso comunicativo la materia, las sustancias complejas pueden transferir y generar nuevas ideas simples y complejas que son procesadas y validadas constantemente por su

Campo Atómico Virtual (CAV) y el **Campo Atómico Relativo (CAR)**, y por su propia consciencia, su **Pensamiento Inconsciente (PI)** y su **Pensamiento Consciente (PC)**. Las sustancias desarrollan y mejoran poco a poco sus capacidades de comunicación entre ellas de forma que consiguen evolucionar en su entorno acumulando a partir de millones de experiencias ideas simples y complejas que le permiten adaptarse mejor y a la vez desarrollar una escala evolutiva jerarquizada en la que unas sustancias son más dominantes que otras.

El proceso de la comunicación de transferencias de ideas simples y complejas entre las distintas sustancias tiene diferentes fases que le permiten no solo conseguir las transferencias de ideas simples y complejas entre ellas, sino incluso se generan nuevas ideas evolucionadas. Este proceso comunicativo conlleva parejo la evolución físico-química de la propia sustancia que adquiere o absorbe nuevas características físicas en la formación y evolución de su cuerpo y del camino hacia la vida.

El proceso comunicativo entre las sustancias simples y complejas podemos resumirlo en las siguientes fases:

- **CONTACTO**: las sustancias complejas viven en un entorno delimitado en el que se producen interacciones que conllevan al contacto físico entre ellas. Ese contacto físico, ese punto de fricción físico será el principal activador de la **Puerta de Transmisión Energética (PTE)** por la que ambas sustancias comenzarán a iniciar el proceso de comunicación de las transferencias de ideas simples y complejas.

- **ACOPLE**: Una vez abiertas y activadas en ambas sustancias la **Puerta de Transmisión Energética (PTE)** se origina en ese punto espacial de contacto un **Campo de Trasferencia Mutuo (CTM)** que es generado por el **Campo Atómico Virtual (CAV)** y el **Campo Atómico Relativo (CAR),** y por tanto, por sus propias consciencias, su **Pensamiento Inconsciente (PI)** y su **Pensamiento Consciente (PC)** de ambas sustancias.

- **RESONANCIA CUANTICA:** Los **Campos de Trasferencia Mutuo (CTM)** generados y activados por ambas sustancias empiezan a interactuar y a fusionarse, uniéndose sus respectivos campos energéticos en uno solo resultante. Esta fase interactiva de los campos dependerá fundamentalmente de sus afinidades como sustancias y por tanto será un factor definitivo en su intensidad y su control el carácter dominante de una sustancia sobre la otra. La intensidad de este campo será más óptima en función del acople de sus posiciones físicas, del **Ángulo Cuántico de Transmisión Energético (ACTE)** por el cual ambas sustancias se reacoplan físicamente buscando el acople físico óptimo que intensifique y optimice el campo energético para favorecer la comunicación y las transferencias y procesamiento de ideas simples y complejas. Este campo energético unificado generará su propio **Pensamiento Virtual de Transferencia Dual (PVTD)** en el que se van a procesar las ideas simples y complejas que va a recibir desde el **Pensamiento Inconsciente (PI)** y **Pensamiento Consciente (PC)** de ambas sustancias, y que a su vez les devolverá ya procesadas una vez finalizada el proceso de la comunicación.

- **CENTRADO DE CAMPO:** Una vez generado y activado el **Campo de Trasferencia Mutuo (CTM)** y una vez conseguido y estabilizado un nivel de **Resonancia Cuántica Óptima (RCO)** este campo energético comenzará a desplazarse desde el punto de contacto hasta posicionarse en una zona de equilibrio energético dentro de la estructura espacial de una o de ambas sustancias. Este campo por tanto puede desplazarse en mayor o menor medida hacia el interior de una de las dos sustancias, en función de sus factores dominantes. En esta fase del proceso, el centrado del campo, conlleva un comportamiento variable por parte de las sustancias, en esa búsqueda del equilibrio energético del campo, lo que causa diferentes comportamientos y conductas en dichas sustancias, actuando estas en función de sus respectivos caracteres dominantes, ejerciendo o conduciéndose por tanto como **Sustancia Compleja Inductor (SCIR)** o como **Sustancia Compleja Inducida (SCIA)**.

Esta pauta en las sustancias complejas también condiciona las características de sus **Puertas de Transmisión Energética (PTE)**, ya que predispone la apertura de los puertos de transmisión hacia el **Campo de Trasferencia Mutuo (CTM)** como **Puertas Inductoras** o **Puertas Inducidas,** y por tanto de alguna manera inclina a las mismas a adquirir y conservar estos roles de comportamientos en la comunicación de las sustancias.

La idea

- **ESTRUCTURA ATÓMICA VIRTUAL:** Dentro del **Campo de Trasferencia Mutuo (CTM)** se van a encender y posicionar una red espacial virtual de **Núcleo Atómico Virtual (NAV)**, que se generan espacialmente mediante la proyección energética cuántica de y desde los núcleos atómicos del **Campo Atómico Virtual (CAV)** y del **Campo Atómico Relativo (CAR)**, y por tanto, desde las propias consciencias de ambas sustancias, su **Pensamiento Inconsciente (PI)** y su **Pensamiento Consciente (PC)**.

Estos puntos energéticos son por tanto imágenes virtuales equivalentes al núcleo atómico pero sin su masa atómica, concentrando y acumulando energía cuántica, **Almacenador Energético Cuántico (AEC)**, para conseguir procesar en su estructura virtual ideas simples y complejas, **Procesador Cuántico Virtual (PCV)**, y además constructor espacial, **Acoplador cuántico Espacial (ACE)**, para alterar y extender la red espacial física, su cuerpo material.

Los **Núcleo Atómico Virtual (NAV)** por tanto se configuran como el generador, acumulador y procesador de la energía del **Campo de Trasferencia Mutuo (CTM)** del que generará su propio **Pensamiento Virtual de Transferencia Dual (PVTD)**.

Esta energía se proyecta mediante pulsos o impulsos energéticos y su frecuencia y su intensidad dependerán principalmente del acople y de la resonancia entre ambas sustancias.

- **CARGA ELECTRONICA:** Una vez activado y proyectado mediante impulsos energéticos la red de **Núcleo Atómico Virtual (NAV)** en la red espacial de las sustancias complejas, su energía afectará a las estructuras electrónicas de sus átomos, capturando y modificando las órbitas de los electrones de sus enlaces.

A través de la Puerta de Transmisión Energética (PTE)– PTE utilizando las Puertas Inductoras o Puertas Inducidas los electrones desprendidos de sus órbitas originales de cada sustancia son capturados por sus respectivos átomos atómicos virtuales de la red virtual del Campo de Trasferencia Mutuo (CTM). Estos electrones tienen en su estructura subatómica las claves cripto-cuánticas por las cuales dichos electrones obedecen o tienen una pertenencia o ligazón únicas con sus respectivos enlaces o núcleos atómicos. Por tanto a través de estas puertas los electrones son liberados de sus respectivas órbitas y agrupados en pulsos electrónicos y son puestos en movimiento por sus respectivos Núcleo Atómico Virtual (NAV) describiendo nuevas órbitas pulsares dentro de dicho campo energético.

Este proceso de carga se va haciendo cada vez más intenso a medida que la red virtual atómica, el Campo de Trasferencia Mutuo (CTM) es capaz de capturar y poner en movimiento dentro de su campo de acción nuevos electrones. La capacidad de acople y de resonancia entre ambas sustancias aumentará la intensidad energética de dicho campo, incluso podrá llegar y ser capaz de fusionar los Núcleo Atómico Virtual (NAV) proyectados de ambas sustancias en un solo Núcleo Resultante Cuántico (NRC) o único vector energético resultante, concentrado en ellos por tanto todo el flujo de pulsos electrónicos.

Esta pérdida de electrones de los enlaces va generar un desequilibrio energético en los mismos que será compensado temporalmente por el nuevo campo energético creado.

Esta corriente electrónica generada por los pulsos energéticos cuánticos de los núcleos virtuales pone en movimiento dichos electrones hasta conseguir inducir en el propio Campo de Trasferencia Mutuo (CTM) una campo electromagnético que se une a una resultante energética global en ese campo.

La nube electrónica del campo se va haciendo cada vez más intensa a medida que dicha carga de electrones siga aumentando hasta conseguir alcanzar el límite o umbral de ruptura del equilibrio energético, Punto de Ruptura de Campo (PRC). En ese punto se produce el colapso de toda la energía del Campo de Trasferencia Mutuo (CTM), y la energía acumulada se libera y se expande por toda la estructura atómica de las sustancias.

- **TRANSFERENCIA DE IDEAS:** A medida que se van acoplando las sustancias y generando el **Campo de Trasferencia Mutuo (CTM)** se inicia el proceso de la transferencia de ideas simples y complejas desde el **Campo Atómico Virtual (CAV)** y el **Campo Atómico Relativo (CAR)**, y por tanto, desde las propias consciencias de ambas sustancias, su **Pensamiento Inconsciente (PI)** y su

Pensamiento Consciente (PC) hacia este **Campo de Trasferencia Mutuo (CTM).**

En una primera fase el Pensamiento Consciente (PC) de ambas sustancias es el responsable de la activación del proceso de la comunicación, y por tanto del control de los procesos del mismo. Activa y abre la Puerta de Transmisión Energética (PTE) utilizando las Puertas Inductoras o Puertas Inducidas y generando los Núcleo Atómico Virtual (NAV) mediante la transferencia energética generadora de pulsos que capturan y ponen en resonancia los electrones de ambas sustancias.

Una vez establecido mediante pulsos energéticos el Campo de Trasferencia Mutuo (CTM), el Pensamiento Consciente (PC) de ambas sustancias inicia la transferencia al Pensamiento Virtual de Transferencia Dual (PVTD) de sus respectivas ideas simples y complejas que son procesadas para que autogeneren nuevas ideas simples y complejas resultantes de su procesamiento mutuo. Es en este proceso en el que ambas sustancias van a recibir nuevas ideas simples y complejas fruto de su procesamiento en el Campo de Trasferencia Mutuo (CTM) dentro de su Pensamiento Virtual de Transferencia Dual (PVTD).

- **PROCESAMIENTO DE IDEAS:** El procesador virtual de ideas simples y complejas está formado por el acople del **Campo de Trasferencia Mutuo (CTM)** y de su **Pensamiento Virtual de Transferencia Dual (PVTD).** El potencial de pensamiento de este campo dependerá principalmente del grado de acople de ambas sustancias. Si las sustancias acopladas son capaces de fusionar sus respectivos **Núcleo Atómico Virtual (NAV)** y conseguir por tanto que la nube electrónica adquiera su máximo potencial energético, la trasferencia de ideas simples y complejas por parte del **Pensamiento Consciente (PC)** de ambas sustancias al **Campo de Trasferencia Mutuo (CTM)** conllevará un procesamiento cuántico más afinado y por tanto se generará nuevas ideas resultantes que a su vez se vuelven a reprocesar constantemente.

Este proceso interno conlleva un incremento energético que se manifiesta en el **Acelerador Pulsar Cuántico (APC)** del **Núcleo Atómico Virtual (NAV)** que incrementan la intensidad del flujo electrónico que giran alrededor de ellos. Esta corriente electrónica genera a su vez en la propia sustancia un desequilibrio energético en sus enlaces atómicos.

El campo una vez activado y cargado de electrones recibe en sus núcleos virtuales las ideas simples y complejas del **Pensamiento Consciente (PC)** de ambas sustancias, estas ideas se transfieren mediante resonancia cuántica y son visibles en el **Pensamiento Virtual de Transferencia Dual (PVTD)**. Dentro de este pensamiento virtual se producen el procesamiento de las ideas transferidas por ambas sustancias. Se comporta como un compositor que confecciona o mezcla ideas y saca nuevos sonidos, en este caso nuevas ideas. Cada idea nueva resultante incrementa la energía acumulada del campo. Este proceso es acumulativo, es decir, cada nueva idea resultante se vuelve a reprocesar una y otra vez hasta llegar al límite o umbral de saturación, a partir del cual la idea final resultante, **Imagen Resultante Cuántica (IRC)** es retro proyectada al **Pensamiento Consciente (PC)** de ambas sustancias.

- **RUPTURA DE CAMPO:** Una vez conseguido el procesamiento en el **Pensamiento Virtual de Transferencia Dual (PVTD)** mediante la formación resultante de la **Imagen Resultante Cuántica (IRC),** fruto del procesamiento de ideas simples y complejas de ambas sustancias, el campo adquiere la energía límite y llega a la ruptura del campo.

Esta ruptura, esta eclosión cuántica se produce cuando de forma repentina la energía proyectada en los **Núcleo Atómico Virtual (NAV)** se desvanece gradualmente. Se produce un vacío energético cuántico que libera de forma explosiva toda la carga electrónica acumulada de tal manera que los pulsares de electrones quedan libres produciendo una nueva onda cuántica de retroceso hacia sus núcleos de origen.

Esta corriente electrónica recorre la estructura espacial de ambas sustancias produciendo o generando calor en su explosivo movimiento.

De igual manera en esta ruptura del campo se genera una onda cuántica de ruptura desde el campo del **Pensamiento Virtual de Transferencia Dual (PVTD)** que es captada tanto por el **Pensamiento Consciente (PC)** como por el **Pensamiento**

Inconsciente (PI) de ambas sustancias, y a su vez estas generan un armónico de respuesta produciendo una mutua reto-vibración cuántica de todos sus campos energéticos.

- **EVOLUCIÓN ESPACIAL:** El proceso de la comunicación de las sustancias permite a las mismas conseguir evolucionar en la escala de su entorno. El proceso de la comunicación es la causa por la que las sustancias complejas adquieren no solo las ideas de otras sustancias, sino que además esas ideas llevan asociadas unas nuevas estructuras atómicas que se incorporan en un caso a una de las sustancias dominantes, y en otro caso se consideran una pérdida o degradación en esa misma escala evolutiva.

El proceso y el fin de la comunicación entre las sustancias va a depender precisamente del nivel de emparejamiento de ambas sustancias, del nivel de dominancia de las mismas y de todo ello va a ser la consiguiente resultante evolutiva.

El proceso físico-químico que se va a desarrollar entre las sustancias complejas en el proceso de su comunicación va a depender precisamente de la **Imagen Resultante Cuántica (IRC)** que encierra nuevas ideas simples y complejas procesadas que se traducirán en la incorporación o la absorción de nuevas sustancia a su cuerpo, de nuevas capacidades sensoriales que refuercen el desarrollo evolutivo de su **Pensamiento Consciente (PC)**.

De esta forma, las sustancias evolucionan continuamente ya que en sus experiencias comunicativas con otras sustancias de su entorno generan y procesan nuevas ideas que son transformadas en nuevas capacidades que se incorporan a su estructura espacial, a su cuerpo.

Este proceso se mantiene continuo en todo el Planeta, en todos los micros entornos, saltando de unos a otros en función de las variables climáticas de casa zona del mismo. Los entornos evolutivos generan sustancias jerarquizadas que van conquistando nuevos entornos evolutivos, adquiriendo las ideas simples y complejas que se van procesando y a la vez concretando en una estructura físico química que se va formando mediante el proceso de la comunicación y por la interacción del **Pensamiento Consciente (PC)** de la materia.

La comunicación por tanto entre las sustancias complejas, sus procesos son los que garantizan la evolución de las sustancias y la conquista de la forma de la vida, de las especies, de la humanidad.

- **DESACOPLE:** El proceso de la comunicación finaliza con la transferencia de ideas simples y complejas, y con los cambios físico-químicos de las sustancias como consecuencia de la comunicación. Una vez que ambas sustancias desactivan el **Campo de Trasferencia Mutuo (CTM)**, cierran la **Puerta de Transmisión Energética (PTE)** y se desacoplan, liberándose de su unión.

Las sustancias complejas en los orígenes del planeta inician un largo camino basado en la transferencia de ideas simples y complejas que van procesándose y a la vez modificando la estructura físico-química de las mismas, va reforzando su capacidad mediante el desarrollo de su **Pensamiento Consciente (PC)**. Este desarrollo de sus capacidades de ver y conocer el entorno, de interactuar con él será el motor que anime a las sustancias a incrementar sus capacidades cognitivas mediante la incorporación de las capacidades de otras sustancias complejas.

El cuerpo, la sustancia compleja, no deja de ser la suma cualitativa evolucionada de otras sustancias complejas asociadas en un solo cuerpo, unidas y enlazadas por su **Pensamiento Inconsciente (PI)** y de su **Pensamiento Consciente (PC)**.

Esta dualidad en el pensamiento de las sustancias complejas es la base fundamental de la propia vida. Esta dualidad en las ideas es el origen de la propia contradicción, ya que gracias esta dualidad la materia adquiere el poder de decidir, de elegir, de aprender. Toda su experiencia está ligada precisamente a sus ideas simples y complejas que se mantienen vivas, almacenadas en su estructura interna subatómica, movimientos ondulatorios cuánticos, niveles energéticos que representan la evolución de las mismas.

La evolución de la propia materia compleja y su desarrollo en un entorno determinado delimita su capacidad de aprender y de evolucionar en dicha escala; cuando consigue alcanzar cierto nivel puede dar el salto a otros entornos y continuar su proceso evolutivo. Este proceso continuado se está produciendo en millones de micro-entornos del planeta en cuales millones de sustancias está evolucionando constantemente, luchando por su escala y saltando de un entorno a otro, haciendo que muchos entornos sean más amplios y numerosos para las sustancias más evolucionadas.

El desarrollo del **Pensamiento Consciente (PC)** permite a la sustancia compleja interactuar con su entorno, con su medio. Empieza a ponderar y a ejercer sus energías y facultades sobre el medio exterior. Los ciclos planetarios, los desequilibrios energéticos, la climatología del planeta, todo lo que rodea a una sustancia compleja empiezan a ser comprensibles y a tener una representación virtual en su **Pensamiento Consciente (PC)**.

La sustancia compleja aprende a comunicarse cada vez mejor, aprende a recordar, a identificar ideas simples y complejas anteriores buscando sus patrones y sus recuerdos profundos en su **Pensamiento Inconsciente (PI),** o más cercanos en su **Pensamiento Consciente (PC).**

10. - El Pensamiento Dual, muerte y vida: la reproducción.

La sustancia compleja evoluciona constantemente y se va adaptando a las distintas y variables condiciones climáticas del planeta en cada momento. Este proceso evolutivo se manifiesta principalmente en su propia estructura física que va adquiriendo más capacidades a media que va absorbiendo e incorporando nuevas sustancias complejas que se van acoplado a su cuerpo.

Por tanto el cuerpo evolucionado de las sustancias complejas no deja de ser un **Entorno Corporal Existencial (ECE)** en el que convive una asociación de diferentes sustancias simples o complejas, cada una de ellas generando y absorbiendo energía en sus procesos, pero siempre dependiendo de la estructura espacial de la propia sustancia y por tanto del **Pensamiento Inconsciente (PI)**, o del **Pensamiento Consciente (PC)** que han construido y evolucionado dicho cuerpo existencial.

Esta dualidad, este **Pensamiento Dual (PD)** de la sustancia es la energía, el desequilibrio que produce el movimiento y los cambios en la propia sustancia. A medida que el **Pensamiento Consciente (PC)** se va desarrollando, este va adquiriendo argumentos empíricos contrastados que le permiten tomar decisiones en base a resultados, y por tanto interactúa

La idea

constantemente con su entorno buscando energía y nuevas ideas simples y complejas para seguir evolucionando.

Este proceso se está desarrollando de forma continuada en todo el planeta, y la interacción constante entre las sustancias en los diferentes entornos y en las distintas condiciones físico-químicas propicia el desarrollo y la evolución paulatina de dichos entornos y las propias sustancias complejas que lo habitan. El resultado o la resultante de este proceso evolutivo es la aparición de nuevos entornos, con sustancias jerarquizadas que luchan entre sí en una escala dominante en la que las más avanzadas consiguen dominar al resto en su entorno, crear grupos homogéneos reconocibles entre sí, y lo que es más importante, perpetuar su dominio en el tiempo mediante los procesos de clonación o reproducción de las propias sustancias o grupos.

El **Pensamiento Inconsciente (PI)** sigue siendo la energía principal de la existencia de la propia sustancia. En él guarda y almacena las ideas simples y complejas adquiridas, la experiencia transferida por el **Pensamiento Consciente (PC),** su historial existencial. En su estructura subatómica es capaz de almacenar y procesar cuánticamente ideas simples y complejas que una vez estructuradas reenvía al **Pensamiento Consciente (PC)** para su interacción con el mundo exterior y viceversa.

Esta combinación e interacción dual en el pensamiento de la sustancia consigue que la misma tenga su propia vida existencial, su propia consciencia, sus propios recuerdos, su experiencia y su pasado. Consigue que haya siempre un desequilibrio energético entre ambos pensamientos y que el flujo y las transferencias de ideas simples y complejas entre ellos le conviertan por tanto en una sustancia viva.

El camino hacia la vida biológica tal como la entendemos ahora es por tanto un proceso que empezó ya con las sustancias complejas que consiguieron evolucionar en sus entornos, en el tiempo, precisamente gracias a la dualidad de su pensamiento: **Pensamiento Inconsciente (PI), y Pensamiento Consciente (PC) -> el Pensamiento Dual (PD).**

Las ideas simples y complejas son algorítmicos ondulares cuánticos con diferentes niveles de energía y que son almacenados y conservados en las partículas subatómicas de los núcleos de las

La idea

sustancias complejas. La capacidad de energía almacenada va a depender precisamente de la capacidad de la estructura atómica que alberga el **Pensamiento Dual (PD)** de la sustancia. Por un lado tenemos una sustancia en evolución constante que va desarrollando su estructura física, su cuerpo, adquiriendo más capacidades y por tanto incrementando su energía de proceso cuántica, sus ideas simples y complejas. No solo este proceso se desarrolla en el individuo, sustancia individual, sino que incluso se va creando, almacenando y expandiendo en su grupo homogéneo, grupo que se reconoce porque tienen afinidad de comunicación y transferencia de ideas sin degradación física, es decir, tienen resonancia propia ya que mantienen y comparten la llave cripta-cuántica de resonancia común.

Por tanto, el grupo homogéneo de las sustancias complejas evolucionadas se comporta a la vez como un nuevo almacén exterior, compartido, social, **Pensamiento Grupal (PG)** por el que los individuos de un grupo homogéneo acceden a ideas simples y complejas que se albergan en su mundo exterior fuera de su **Pensamiento Dual (PD)**, y por tanto son creadas o recreadas con aportaciones compartidas de cada individuo del grupo. De alguna manera, las experiencias existenciales, el acceso al conocimiento del mundo exterior, la cooperación, la comunicación, la no agresión, la permanencia en el entorno, todo el proceso evolutivo interno y externo de las sustancias complejas genera y acumula nuevas ideas simples y complejas compartidas, que son fruto de la interacción con el medio, con el entorno, con su grupo.

El desarrollo evolutivo de las sustancias complejas en sus entornos con su grupo, la iteración con otras sustancias, su nivel jerárquico en el entorno y en su grupo le enfrenta de forma continuada a su lucha existencial para mantener su propia existencia y la de su grupo, su **Pensamiento Dual (PD),** por el que vive y sigue evolucionando, y por el que acumula y procesa constantemente nuevas ideas que le dotan de nuevas capacidades.

La lucha existencial en el entorno entre las sustancias complejas le lleva a un enfrentamiento constante por su existencia energética en el que las sustancias más dominantes degradan y adquieren la energía de las menos dominantes. Las luchas existenciales entre las propias sustancias complejas generan en la propia sustancia, en su **Pensamiento Dual (PD),** una respuesta emocional por la que

La idea

desarrollan un proceso de reconversión energético en el momento límite antes de su propia degradación o destrucción, la muerte de su **Pensamiento Dual (PD)**, que corresponde con la degradación de su cuerpo evolucionado junto con la liberación de las distintas partes del mismo resultantes.

Este momento existencial del **Pensamiento Dual (PD)** de la sustancia compleja antes de su degradación corresponde con el **Punto de Fuga Cuántico (PFC)** de su pensamiento por el que antepone un proceso reconstructivo a toda su estructura física espacial evitando su degradación y por tanto la perdida de sus ideas simples y complejas acumuladas en su **Pensamiento Dual (PD)** a lo largo de su existencia. Este proceso es variable y va a depender principalmente de la capacidad de la propia sustancia compleja para subsistir en otra u otras formas de sustancia a las que permita transferir su **Pensamiento Dual (PD),** o una parte del mismo.

Por tanto, la sustancia compleja, ante una absorción o degradación de una parte de su estructura física, activa un mecanismo de resistencia, autodefensa existencial, por el que el **Pensamiento Dual (PD)** inicia un proceso de reconstrucción estructural, clonación, transfiriendo parte de sus ideas simples y complejas acumuladas en su existencia a estructuras o sustancias simples o complejas resultantes de su degradación.

Este proceso de clonación puede ser activado no solo por la consecuencia o el resultado en la comunicación con otras sustancias dominantes, sino que también puede ser generado internamente, voluntariamente, por la propia sustancia compleja.

El desarrollo de las sustancias complejas lleva parejo también la evolución de sus estructuras físicas, su cuerpo, los cuales van adquiriendo nuevas funcionalidades y por tanto incrementando su **Pensamiento Dual (PD)**. El aumento de sus capacidades incrementa cualitativamente el procesamiento de sus ideas simples y complejas pero a la vez su cuerpo más complejo sufre el desgaste estructural, físico-químico del paso del tiempo, el entorno y las condiciones climáticas del planeta y su constante evolución les lleva a "envejecer físicamente", sufriendo perdidas energéticas en su **Pensamiento Dual (PD)** por lo que su consciencia existencial activa voluntariamente el mecanismo de la clonación y de la transferencia de sus ideas simples y complejas evolucionadas en distintas sustancias resultantes, o clones como respuesta voluntaria a este estado.

La sustancias complejas adquieren la capacidad de consciencia existencial mediante el desarrollo de su **Pensamiento Dual (PD)** y por tanto logran la capacidad para auto regenerase, clonarse o reproducirse, una vez adquirido un cierto nivel energético de consciencia existencial. Esta capacidad de reproducirse, de perpetuar una sustancia compleja, un grupo homogéneo, conlleva la transferencia de ideas simples y complejas evolucionadas en el tiempo al clon resultante, el cual recibe no solo una estructura física base para poder seguir evolucionando, sino que también recibe una transferencia de ideas evolucionadas que le facilita su desarrollo y su posición en su entorno.

Por consiguiente, la materia en su constante evolución va transfiriendo y procesando sus ideas simples y complejas a través de las sustancias simples y complejas en las cuales residen, y por las que consiguen dar la consciencia existencial a su propia materia compleja. Esta materia compleja por tanto es la que alberga en sus estructura física el **Pensamiento Dual (PD)**, de tal manera que los conceptos de la vida y de la muerte en las sustancias complejas no deja de ser más que la propia evolución y degradación de sus propia estructura física espacial a lo largo del tiempo y el espacio, pero su **Pensamiento Dual (PD)**, sus ideas simples y complejas consiguen no solo evolucionar constantemente en ese tiempo y espacio sino que además consiguen propagarse y perpetuarse desde su propia sustancia compleja, hasta su grupo homogéneo y directamente transferirse a sus propios clones, o mediante la reproducción compartida con otra sustancia compleja.

El **Pensamiento Dual (PD)** es por tanto un constructor y procesador constante de ideas simples y complejas que es capaz no solo de diseñarlas y generarlas virtualmente, sino que también puede edificarlas y construirlas a partir de la propia materia, es decir es un constructor de nuevas sustancias simples y complejas a partir de un prediseño, utilizando para ello parte de su propia estructura física, o incluso compartirla con otras sustancias complejas de su mismo grupo homogéneo, a las que además también les transfiere al **Pensamiento Dual (PD)** de la nueva sustancia creada una parte de sus ideas evolucionadas, de tal forma que las nuevas sustancias, clonadas, o reproducidas llevan el potencial y las capacidades intrínsecas de su grupo homogéneo. Y por otro lado también es capaz de construir o dejar restos de su actividad, huellas a partir de sus ideas simples y complejas en su entorno exterior que son reconocibles por su grupo homogéneo.

El **Pensamiento Dual (PD)** de las sustancias evolucionadas representa el principio de la unidad existencial entre el mundo inconsciente interior de la propia materia y el mundo consciente, real, externo, que le permite vivir y desarrollarse en un medio, en un entorno, evolucionar.

La dualidad del **Pensamiento Dual (PD)** es el mayor logro y desarrollo de las sustancias complejas permitiéndole a las ideas simples y complejas evolucionar de forma continuada en los dos planos cognitivos de estos pensamientos. Por un lado, un plano espacial que alberga el pensamiento profundo, inconsciente, que genera una energía existencial que proporciona la propia razón de ser de la sustancia compleja. Y otro plano, consciente, que se abre al mundo exterior, del cual aprenderá a reconocer, ponderar y a interactuar con él a través de su continuo conocimiento y aprendizaje.

Este desequilibrio energético dentro del propio **Pensamiento Dual (PD)** le permite mantener y transferir un continuo flujo de ideas simples y complejas que son tratadas y procesadas de forma totalmente diferentes en cada uno de los dos pensamientos. Por tanto, el **Pensamiento Dual (PD)** y los campos energéticos que los contienen y generan adquieren diferentes formas energéticas de almacenamiento y proceso, por lo que dichos campos necesitan de un **Conversor de Pensamiento Cuántico (CPC)** que permita a las ideas simples y complejas cruzar de un pensamiento al otro y viceversa. Las mismas ideas simples y complejas necesitan por tanto un mecanismo de conversión, un proceso de traducción cuántica para poder transitar de un pensamiento al otro.

El desarrollo y la evolución del **Pensamiento Consciente (PC)** en las sustancias complejas le permite estar generando, a través de sus sensores, información compleja del mundo exterior que va procesando y ponderando continuamente de forma que con la interpolación resultante de toda esta información energética de sus sensores externos genera una imagen virtual global del entorno exterior en el que vive, existe e interactúa. Por todo ello, su

La idea

Pensamiento Consciente (PC) está totalmente enfocado a su mundo exterior y procesa por tanto de forma continuada toda la información transferida correspondiente a todas sus capacidades perceptivas de sus sensores energéticos externos.

La transferencia mutua de las ideas simples y complejas del **Pensamiento Consciente (PC)** a su **Pensamiento Inconsciente (PI)** se realiza mediante una conversión o síntesis de las mismas que proyecta una imagen de resonancia cuántica de dichas ideas transformadas y adaptadas no solo al tipo de energía de sus respectivos campos sino que también a su modo de modulación así como su intensidad.

El equilibrio en el **Pensamiento Dual (PD)** entre su **Pensamiento Consciente (PC)** y su **Pensamiento Inconsciente (PI)** marcará la capacidad evolutiva de la propia sustancia compleja. A medida que va evolucionando las sustancias complejas y a media que su **Pensamiento Consciente (PC)** se hace más dominante que su **Pensamiento Inconsciente (PI)**, tiene más capacidad de decisión, pondera y reconoce mejor su mundo exterior, su entorno, sus grupo homogéneo, la comunicación, su lucha por alcanzar el máximo nivel jerárquico. Toma decisiones que conllevan consecuencias y por tanto comete errores y aprende de ellos.

El **Pensamiento Inconsciente (PI)** por tanto pierde su protagonismo sobre la acción directa de la sustancia en el entorno, restringe su capacidad de decisión para poder vetar al **Pensamiento Consciente (PC)** y se reserva íntegramente los procesos existenciales, procesos automáticos de control energético de la propia sustancia.

Por tanto el equilibrio y el desequilibrio en el **Pensamiento Dual (PD)** de las sustancias complejas es el mecanismo de la vida, no solo de las sustancias complejas sino de todas las especies vivientes terrestres.

El salto de un pensamiento al otro representa el viaje a dos mundos totalmente distintos que se necesitan mutuamente para poder tener y compartir una misma existencia. Para poder dar este salto necesita por tanto de un **Conversor de Pensamiento Cuántico (CPC)** que es como un cuello de botella, una puerta cuántica, por el que las ideas simples y complejas deben de ser empaquetadas y comprimidas para poder ser lanzadas fuera del control de campo, del pensamiento emisor. Por tanto, en esta comunicación el **Conversor de Pensamiento Cuántico (CPC)** necesita habilitar puertas de entrada y salida así como las llaves conversoras correspondientes de apertura y cierre de dichas puertas en sus dos pensamientos.

De esta forma el **Pensamiento Inconsciente (PI)** habilita una puerta de entrada y otra de salida para su comunicación con el **Pensamiento Consciente (PC): Puerta Entrada PI (PEPI)** y **Puerta Salida PI (PSPI).**

De igual forma el **Pensamiento Consciente (PC)** habilita una puerta de entrada y otra de salida para su comunicación con el **Pensamiento Inconsciente (PI): Puerta Entrada PC (PEPC)** y **Puerta Salida PC (PSPC).**

El salto cuántico, la transferencia de ideas simples y complejas entre el **Pensamiento Consciente (PC)** y su **Pensamiento Inconsciente (PI)** solo es posible si se deshabilita las variables del tiempo-espacio que conlleva las ideas simples y complejas y se transforma por conversión en otra nueva variable, **R – Relatividad Espacial.** Es decir, las ideas generadas y procesadas en el **Pensamiento Consciente (PC)** son fruto del mundo real y por tanto son ponderables y medibles en todas las formas e intensidades de las diferentes magnitudes energéticas, pero todas ellas sujeta al espacio – tiempo. Por tanto el **Pensamiento Consciente (PC)** procesa y reconoce el entorno exterior con magnitudes de espacio-tiempo con las que puede interactuar y por tanto están incorporadas y forman parte intrínseca de la información que le proporcionan todos sus sensores corporales evolucionados. De esta forma el **Conversor de Pensamiento Cuántico (CPC)** sintetiza las ideas simples y complejas mediante la apertura de su **Puerta Salida PC (PSPC)** utilizando la llave conversora. La idea simple y compleja, su nueva forma energética, sale de su pensamiento y es capturada por el **Pensamiento Inconsciente (PI)** a través de su **Puerta Entrada PI (PEPI).** Una vez dentro de su **Pensamiento Inconsciente (PI)** será puesta en proceso cuántico en los núcleos subatómicos.

El salto inverso, la transferencia de ideas simples y complejas entre el **Pensamiento Inconsciente (PI)** y su **Pensamiento**

La idea

Consciente (PC) se realiza en la **Puerta Salida PI (PSPI)** y mediante el **Conversor de Pensamiento Cuántico (TPC)** que activa la llave de salida, procede a la conversión de la **R – Relatividad Espacial** en variables espacio-tiempo. La idea simple y compleja, su nueva forma energética, sale de su pensamiento y es capturada por el **Pensamiento Consciente (PC)** a través de su **Puerta Entrada PC (PEPC)**. Una vez dentro de su **Pensamiento Consciente (PC)** será incorporada a su imagen virtual del mundo externo.

El **Pensamiento Dual (PD)** es por tanto el mecanismo de pensar de la propia sustancia compleja, gracias a su dualidad, las ideas son puestas en continuos procesos cuánticos diferentes entre los dos niveles de su pensamiento. Si en el **Pensamiento Consciente (PC)** las ideas conllevan las variables de espacio-tiempo, las mismas ideas en el **Pensamiento Inconsciente (PI)** son tratadas bajo la variable de **R – Relatividad Espacial,** de esta forma las ideas simples y complejas son procesadas entre ellas continuamente en estos dos niveles del pensamiento, consiguiendo generar de forma continua nuevas ideas evolucionadas.

El **Pensamiento Grupal (PG)** de las sustancias complejas representa pues la capacidad del grupo homogéneo de un entorno para almacenar, procesar y generar nuevas ideas y que también sirvan de referencia y aprendizaje para otras sustancias clonadas o reproducidas en el propio grupo en evolución. El grupo homogéneo adquiere un potencial superior frente al propio individuo, ya que puede no solo compartir parte de sus ideas simples y complejas, sino que incluso es un creador colectivo de las mismas. El acceso o pertenencia al grupo viene determinando por las sustancias homogéneas, pero principalmente por su capacidad de comunicación entre todos sus individuos, comunicación basada en la transferencia de ideas y no en la absorción o degradación energética, comunicación beligerante. Esta comunicación solo es posible entre las sustancias complejas del grupo si comparten los mismos patrones cuánticos de resonancia, o las mismas claves criptogámicas de acceso a sus núcleos cuánticos. Esta resonancia grupal fortalece la evolución del grupo ya que aúna todas sus capacidades formando un cuerpo grupal, colaborativo, que se une para intervenir en su entorno de forma colectiva. El grupo es por tanto la forma organizativa más completa de la materia para almacenar, procesar y generar ideas evolucionadas que son incorporadas al **Pensamiento Dual (PD)** de sus individuos y que estos almacenan para poder ser transferidos posteriormente al grupo. De esta forma muchas sustancias complejas pueden almacenar diferentes ideas simples y complejas distintas, fruto de su propia actividad individual en su entorno, experiencia, o como consecuencia de su procesamiento interno. El grupo por tanto es un acumulador y procesador de ideas simples y complejas, muchas de las cuales son ideas simples y complejas heredadas y adquiridas en el propio grupo, y otras son fruto de la actividad individual del mismo pero todas ellas están disponibles y son compatibles en el grupo mediante la comunicación grupal.

La vida y la muerte de la sustancia compleja, del individuo, no deja de ser más que una lucha existencial del grupo por la conservación de sus propias ideas simples y complejas. La sustancia compleja puede degradarse o ser absorbida por otras, perdiendo o transfiriendo parte de sus ideas, por lo que pierde su experiencia individual, su **Pensamiento Dual (PD),** pero su grupo conserva y mantiene no solo sus ideas compartidas, sus experiencias colectivas, sino que es el almacén histórico, el **Pensamiento Grupal (PG)** de su propia evolución. La degradación paulatina, el desgaste de la estructura física de la sustancia individual, su cuerpo, forma parte del proceso evolutivo de la misma sustancia, su entorno y su grupo; pero las ideas simples y complejas tienen otro plano existencial superior al conseguir subsistir fuera del propio individuo para propagarse y almacenarse en su grupo homogéneo que sirve por tanto de contenedor, procesador y compartidor de las mismas, no solo para el resto de grupo sino que también transfieren sus ideas simples y complejas a las nuevas sustancias clonadas o reproducidas.

El **Pensamiento Dual (PD)** y el **Pensamiento Grupal (PG)** son las capacidades que permiten a las sustancias complejas evolucionar en su entorno, luchar por su supervivencia en el planeta y conseguir mantener y desarrollar sus ideas simples y complejas en su grupo social que le asegure su futuro como tal. La combinación de ambos pensamientos da lugar al desarrollo del **Pensamiento Físico Permanente (PFP),** que representa el resultado físico de toda la actividad realizada sobre el entorno por parte de la sustancia compleja y su grupo dominante. Es la capacidad abstracta de transferir las ideas simples y complejas desde el **Pensamiento Dual (PD)** y el **Pensamiento Grupal (PG)** al entorno mediante la actividad creativa sobre el medio físico, dejando una imagen o una estructura física o una huella que representa o lleva incorporada ideas simples y complejas.

Por tanto la sustancia compleja y su grupo homogéneo seguirán evolucionando en su entorno en la misma medida de aumente su capacidad para acumular y procesar ideas simples y complejas. Esta capacidad dependerá pues, de las capacidades de la propia sustancia individual, **Pensamiento Dual (PD),** del número de individuos de su grupo, **Pensamiento Grupal (PG),** y por el grado de desarrollo del mismo, **Pensamiento Físico Permanente (PFP)**

Por consiguiente los tres pensamientos **PD-PG-PFP** representan al verdadero motor que hace posible la evolución sostenible de las sustancias complejas hacia el nivel de la vida, hacia un cuerpo biológico, hacia la especie humana.

Las ideas simples y complejas inician un camino evolutivo en el planeta Tierra a lo largo de millones de años, transformando la materia inicial del mismo en sustancias simples y complejas las cuales van interactuando de forma continua entre ellas, acumulando y generando nuevas ideas simples y complejas que transforman la propia materia, las propias sustancias. Las ideas simples y complejas tienen su espacio existencial en los tres pensamientos **PD-PG-PFP** y es a partir de ellos como se convierten en la verdadera energía motivadora de su propia evolución y por tanto del medio que la sustenta, el cuerpo, la propia materia.

11. - El grupo y la diversidad.

La aparición y evolución de las sustancias simples y complejas dio lugar a la proliferación por todo el planeta de micro entornos en los que de forma continuada estas sustancias interrelacionaban mediante la comunicación generado grupos homogéneos que luchaban entre sí en una escala evolutiva. Los grupos homogéneos evolucionaban y conseguían colonizar otros entornos cercanos y así durante millones de años, acumulando y aumentando la capacidad de generar nuevas ideas simples y complejas que fueron capaces de transformar todo un planeta.

Los grupos más evolucionados conseguían dominar más entornos, absorbiendo no solo sus ideas simples y complejas, sino la energía necesaria para mantener y transformar sus estructuras físicas. El grupo homogéneo es el principio de la sociedad, de compartir ideas simples y complejas, de asociarse y lo que es aún más importante de comunicarse reconociéndose parte del mismo grupo, con capacidad para transferirse ideas simples y complejas y al mismo tiempo perpetuarse mediante la clonación y la reproducción.

La idea

El grupo homogéneo consigue evolucionar al mantener y salvaguardar sus ideas simples y complejas, su conocimiento, sus capacidades para interferir en el medio, en su entorno. La diversidad del planeta permite un desarrollo evolutivo en todos sus rincones, las características del mismo, permite a las sustancias simples y complejas evolucionar, forma sus grupos homogéneos y por tanto comenzar un proceso evolutivo que les llevaría hasta la propia raza humana.

La diversidad es por tanto otro de los factores necesarios para que dichas sustancias pudiesen evolucionar de forma desigual y combinada en todo el globo terrestre. Los micros entornos se hicieron más grandes a medida que las sustancias y los grupos evolucionaban y conseguían conquistar el medio en el que vivían. La propia sustancia, su cuerpo se iba haciendo más complejo y adquiriría más capacidades que le permitían conocer e interactuar con el medio, con otras sustancias, con su propio grupo. La movilidad y las condiciones del medio terrestre favorecieron enormemente el movimiento físico de las sustancias simples y complejas, lo que les permitió absorber y adquirir nuevas ideas simples y complejas, adquirir conocimientos de otras sustancias, todo ello en un proceso continuo de millones de años hasta conseguir alcanzar el desarrollo actual.

La diversidad con la combinación y el tiempo, generaron un proceso evolutivo global en el que unas sustancias consiguieron evolucionar a formas más complejas, como el mundo animal, y otras alcanzar otras formas como el mundo vegetal. Todo un abanico de millones de posibilidades abiertas para que millones de sustancias complejas, millones de grupos homogéneos, millones de entornos y medios ambientales cambiantes fueran el soporte físico, estructural para que las ideas simples y complejas evolucionasen en una cadena o escala evolutiva creando y generando un planeta habitable y sostenible para todas ellas.

El grupo homogéneo por tanto representa el proyecto colectivo de las sustancias simples y complejas que inician un camino evolutivo que les llevará con el paso del tiempo a alcanzar sociedades estructuradas en las que las ideas simples y complejas representarán su cultura, su conocimiento, sus capacidades, y sobre todo su organización jerárquica ya que en ella cada individuo por un lado albergará parte de ese conocimiento y por otro tendrá un rol determinado en dicha estructura social. Este sistema jerárquico permite al grupo mantener su coexistencia y dotar al mismo de un potencial y unas capacidades para reproducirse en el espacio-tiempo y continuar evolucionando en el medio.

Este nivel jerárquico y de organización de las sustancias complejas del grupo conlleva por tanto un nivel de desarrollo que se manifiesta precisamente en las capacidades de cada uno de sus miembros, individuos, de sus roles, de sus pensamientos: **Pensamiento Dual (PD), Pensamiento Grupal (PG) y Pensamiento Físico Permanente (PFP).**

Es por tanto la capacidad y el desarrollo de cada sustancia compleja lo que le permite a la misma adoptar un rol en la estructura social de su grupo, rol que incluso heredará a sus clones o descendientes compartidos, ya que el grupo homogéneo necesita mantener los conocimientos y los roles aprendidos y por tanto transferirlos para que otros individuos conserven o evolucionen dichas estructuras sociales.

Por tanto el grupo albergará sustancias complejas, individuos, que servirán de almacén y se especializarán en los diferentes tipos del conocimiento, en función del tipo de sus pensamientos dominantes, en el que no solo son meros portadores de ideas simples y complejas, sino que también son generadores de las mismas y a la vez ocupan un eslabón de una cadena de poder social dominante, jerárquico en dicho grupo, un rol heredable.

Las sustancias en el grupo homogéneo se organizan en diferentes roles en función de la herencia recibida, de la dominancia de sus conocimientos adquiridos, y por tanto de las capacidades de sus respectivos tipos de pensamiento. Es decir, heredan unas ideas simples y complejas, pero también heredan los roles, las funciones, la jerarquía compartida y aceptada del grupo. Los roles por tanto son la evolución de los diferentes pensamientos que permiten a las sustancias especializarse y ejercer dicho conocimiento, no solo en el medio, contra el medio, con otras sustancias o grupos, sino y mucho más importante ejercen una autoridad sobre los individuos del propio grupo que acepta y acata dicha estructura social.

Las sustancias complejas, sus grupos homogéneos son el comienzo hacia las estructuras sociales actuales. La materia en su forma primitiva, las sustancias simples y complejas a través de sus

La idea

tres pensamientos **PD-PG-PFP** inician este proceso organizativo que permite al grupo homogéneo, dotar a sus sustancias complejas, al individuo, de una finalidad, de una motivación existencial que le permita interactuar con el medio de una manera coordinada, compartida, social; manteniendo la coexistencia y asegurando la evolución del mismo. La sustancia compleja, como individuo, evoluciona no solo en su cuerpo adquiriendo más capacidades sino que incluso el desarrollo de su rol, su pensamiento dominante permite su interacción y su participación en el grupo social aportando por tanto sus mejores capacidades.

Las ideas simples y complejas evolucionan junto con sus portadores, los individuos, que hacen de ellas su fuente existencial para indagar y profundizar en su conocimiento. No solo descubren el potencial y la capacidad de creación de las mismas sino que se especializan en la forma, la búsqueda y la interpretación de esas ideas simples y complejas que motivan su existencia.

A media que evolucionan las sustancias, también evolucionan sus tres pensamientos **PD-PG-PFP** y con ellos el individuo indaga, interpreta y adopta un rol con relación a sus conocimientos y a la forma de transmitirlos.

Por tanto según el tipo de pensamiento y según su grado de dominancia del mismo tendrá cada sustancia compleja una predisposición para adoptar una posición en el grupo social y para mantener ese nivel jerárquico frente a otras opositoras, frente a competidoras o frente a otras sustancias de otros grupos homogéneos.

Partiendo de esta estructura podemos agrupar las ideas simples y complejas en función de los pensamientos en los que se generan o en los que se profundiza en su conservación, proceso o transferencia intrínseco por parte de la sustancia contenedora. Será pues esta capacidad o este desarrollo cognitivo de la propia sustancia la que la hace mostrarse en su grupo y por tanto su dominancia sobre el resto será como consecuencia de ese carácter o conocimiento interpretativo del pensamiento. Por todo ello los diferentes pensamientos darán lugar a los diferentes roles jerárquicos del grupo, partiendo de eso podemos agrupar:

- El **Pensamiento Dual – PD** será el primer desarrollo evolutivo que lleve precisamente a las sustancias simples y complejas a profundizar e indagar sobre sí misma y sobre su entorno. El **Pensamiento Inconsciente (PI)** y el **Pensamiento Consciente (PC)** así como su relación serán los campos del autoconocimiento e interpretación de su propia esencia:

> ❖ **Pensamiento Inconsciente (PI)** pensamiento profundo que se alberga en el **Campo Atómico Virtual (CAV),** representa la propia razón de su existencia, el núcleo central que da la energía para generar **las** ideas simples y complejas primarias, existenciales. Este pensamiento no es accesible directamente desde el **Pensamiento Consciente (PC),** por lo que la sustancia compleja tiene que desarrollar habilidades que le permitan ver y observar o interpretar su mundo interior y sus capacidades. A partir de ese conocimiento abstracto de su **Pensamiento Inconsciente (PI)** la sustancia hace una reinterpretación del mismo, pero siempre desde su **Pensamiento Consciente (PC).**

Por tanto el nivel de dominancia de esas ideas simples y complejas generadas a base de su experiencia adquirida o heredada junto con las habilidades para interpretar las mismas le dan a la sustancia compleja el **ROL MISTICO.**

La sustancia compleja que almacena, genera y transmite al grupo este tipo de conocimiento, de su pensamiento interior, es capaz no solo de influir en el resto de sus miembros, sino que incluso crea un subgrupo o una clase de sustancias diferenciadas del resto del mismo, con capacidad o poder para interactuar sobre el resto de los demás subgrupos. El potencial de las ideas simples y complejas generadas a partir del **Pensamiento Inconsciente (PI)** sirve de primera herramienta interpretativa para rellenar o explicar los fenómenos y los acontecimientos del mundo exterior que no son aun interpretables desde el propio **Pensamiento Consciente (PC).**

El mundo interior del **Pensamiento Inconsciente –PI–** y su conocimiento interpretativo es el primer rol de las sustancias complejas en los grupos homogéneos que han evolucionado en la escala evolutiva hasta las sociedades de nuestro tiempo.

> ❖ **Pensamiento Consciente (PC)** Pensamiento basado principalmente en la información de los sensores de la propia sustancia con la cual genera una imagen de su entorno. Es un pensamiento conectado con el mundo exterior, que recibe diferentes impulsos medibles y ponderables con los que toma decisiones y aprende a evolucionar en su entorno. El desarrollo de este pensamiento en la sustancia compleja genera ideas simples y complejas que le proporciona la capacidad de conocer su medio, su entorno. Genera unas habilidades que le permiten intervenir y modificar no solo su medio externo, sino que su estructura física también se adapta a las necesidades que le impone dicho medio físico, evoluciona, y por tanto consigue alcanzar un nivel superior en la escala jerárquica de su entorno y de su grupo.

Por tanto, el nivel de dominancia de esas ideas simples y complejas generadas en el **Pensamiento Consciente (PC)** a base de su experiencia adquirida o heredada junto con las habilidades para intervenir en el medio externo le dan a la sustancia compleja el **ROL MATERIALISTA**.

La sustancia compleja desarrolla, almacena, genera, y transmite a su grupo todo tipo de conocimientos relacionados con su actividad con el medio, con su entorno, aplicando habilidades adquiridas, ponderando, midiendo, evaluando, desplazándose, creando por tanto uno de los roles más importantes del grupo, ya que de su capacidad de conocer el entorno dependerá en buena medida no solo su supervivencia y evolución sino la de todo su grupo.

Este rol es dinámico y depende no solo de la experiencia individual sino que también está ligado de alguna manera a la actividad del pensamiento grupal.

- **Pensamiento Grupal (PG) :** Las sustancias complejas consiguen formar grupos homogéneos de los que surgirá todo un amplio abanico de desarrollo grupal, no solo en sus relaciones, sino incluso en la evolución de su propia estructura física, como individuos, con los que comparten una similitud que les hace reconocibles.

Por tanto, el **Pensamiento Grupal (PG)** es el inicio de una evolución compartida de sustancias complejas, individuos, que mantienen una relación común que provocará unas pautas de comportamiento que serán asumidas por la mayoría del grupo. El grupo por tanto tendrá un peso mucho mayor sobre el propio individuo ya que su capacidad, su dominancia grupal, consigue transmitir en su continua evolución sus ideas simples y complejas acumuladas así como sus patrones o modelos de comportamiento.

El principal rol que se desprende de la actividad del **Pensamiento Grupal (PG)** corresponde precisamente con la dominancia entre los propios individuos del grupo, por lo que el conjunto de todas sus capacidades generará siempre una jerarquía o escala de dominancia entre las propias sustancias complejas. Por tanto de esta actividad grupal genera el **ROL DE DOMINANCIA,** por el cual los individuos del grupo tienen capacidad de comunicarse sin degradarse, no beligerante, y por tanto, pueden retarse, medirse y conseguir su escala o rango dentro del propio grupo.

Este rol genera por tanto una escala jerárquica dentro del propio grupo por la que cada una de las sustancias a la vez compite con las demás en conseguir la dominancia suprema de su grupo, **ROL DOMINADOR.**

La sustancia dominante de su grupo, **ROL DOMINADOR,** por tanto tendrá la capacidad para imponerse no solo a sus rivales dentro de su grupo, sino también a sus adversarios de otros grupos homogéneos. A partir de él se despliega una amplia escala decreciente de dominancia entre el resto de las sustancias, individuos, del grupo homogéneo. Esta estructura o escala dominante será la futura base social en el desarrollo y evolución de los grupos homogéneos en los entornos del planeta.

La idea

El **ROL DOMINADOR** por tanto se rodea de sus posibles competidores, los cuales aceptan y refuerzan a la vez su capacidad y poder, pero formando estos un nuevo **ROL LUCHADOR**. De esta forma el grupo homogéneo en su constante evolución consigue crear una estructura estable de individuos organizados entorno a líder, no solo con capacidades defensivas sino incluso ofensivas contra otros grupos de sus entornos cercanos. La materia consigue de esta forma dar un paso más en su evolución generando grupos homogéneos que se reconocen y se comunican, transmitiéndose e intercambiando sus ideas simples y complejas y a la vez, evolucionando su cuerpo, su estructura espacial para adaptarse al entorno y a su medio. No solo evolucionan como individuos sino que también adoptan roles diferentes en función de sus experiencias y su actividad en el grupo y ante el entorno.

Este proceso de millones de años es el comienzo de nuestra especie, hay algún momento de ese tiempo en el que diferentes sustancias simples y complejas consiguieron evolucionar en todos los aspectos, no solo en su estructura espacial, su cuerpo, sino en su organización como grupo, especializando parte de sus miembros en función de sus capacidades, de su pensamiento dual.

Otra de las funciones y capacidades que se desarrollan en las sustancias simples y complejas es la clonación compartida o reproducción grupal. La existencia del grupo está ligada precisamente al mantenimiento de su ideas simples y complejas, y estas solo pueden existir y subsistir en esta primera fase del planeta en la existencia de la propia sustancias compleja, sin ella no puede haber continuidad ni evolución en las mismas, por lo que el grupo necesita un sistema reproductivo para poder generar nuevas sustancias complejas, individuos, y poder transferirles ideas simples y complejas evolucionadas. Este proceso por tanto, también especializa a una parte de los individuos del grupo para desarrollar dichas funciones reproductivas por lo que dichas sustancias asumen el **ROL REPRODUCTOR** y por tanto van adaptando su estructura espacial, evolucionando su cuerpo, al perfeccionamiento de esta capacidad o función reproductiva del grupo.

El grupo homogéneo para poder seguir evolucionando debe conseguir alcanzar o estabilizar un sistema reproductivo básico que le permita o garantice no solo el mantenimiento óptimo de las ideas simples y complejas adquiridas sino que incluso, asegure al propio grupo su existencia, reponiendo sus individuos o incrementándolos.

De la clonación básica, individual, a la clonación compartida, grupal, la forma de transferencia y reproducción marca la diferencia cualitativa a la hora de evolucionar cada grupo. La clonación compartida en la cual intervienen dos sustancias del propio grupo que se comunican para generar un nuevo cuerpo al que le transfieren sus ideas simples y complejas evolucionadas añade al grupo más capacidad de subsistencia y sobre todo de evolución frente a otros grupos con clonación individual.

Por todo ello, el **ROL REPRODUCTOR** especializa a una parte de los individuos del grupo a desarrollar y evolucionar sus cuerpos para desarrollar dichas capacidades y por tanto adaptar su cuerpo a dicha función reproductora. Esta especialización en esta actividad por una parte de los individuos del grupo será también el comienzo de una transformación de la propia sustancia compleja, su cuerpo, para adaptarlo precisamente a esta facultad reproductiva. Y en el otro lado, el resto de los individuos que no desarrollarán esta capacidad reproductiva pero que se especializaran en activar el proceso de la reproducción compartida, mediante la comunicación y la transferencia compartir de ideas simples y complejas adoptarán el **ROL ACTIVADOR REPRODUCTOR.**

- **Pensamiento Físico Permanente (PFP)**

La combinación entre el pensamiento dual y el pensamiento grupal genera por tanto una nueva actividad, un rastro tangible, que se manifiesta a lo largo del tiempo y de su evolución, en distintas creaciones físicas, estructuras elaboradas por la actividad de la propia sustancia o del grupo, que contienen o encierra en sí mismos las ideas simples y complejas transferidas al objeto creativo. Por tanto las sustancias complejas especializadas individual o grupalmente a crear objetos que encierran o representan ideas simples y complejas asumen el **ROL CONSTRUCTOR.** Adquieren capacidades para transferir ideas simples y complejas y transformarlas en objetos físicos construidos por sus habilidades.

Este **ROL CONSTRUCTOR** por tanto genera y acumula a lo largo del tiempo un rastro, un almacén acumulativo que encierra en sus formas, en su fin, ideas simples y complejas evolucionadas. Por tanto desde esos objetos creados, el grupo, la sustancia, el individuo pueden volver a recordar o intuir dichas ideas; puede volver a copiar, mejorar y sustituir por otros objetos más evolucionados, ya que siempre encerrarán en sí mismos las ideas simples y complejas de su forma, de su construcción, de su finalidad.

El **Pensamiento Físico Permanente (PFP)** será el comienzo para que las ideas simples y complejas salten del propio **Pensamiento Dual** para ser independientes y por tanto tener otro soporte exterior existencial a la propia sustancia compleja.

La diversidad y la evolución en el planeta durante millones de años fue la causa de que la materia pudiese alcanzar su desarrollo y convertir la Tierra en un planeta vivo.

12. - Las ideas sociales.

Nuestra sociedad se ha desarrollado más en este último siglo que en todos los millones de años en que la materia consiguió generar las ideas simples y complejas que abrieron o iniciaron el camino hasta hoy. Pero ese primitivo origen, esa huella evolutiva sigue de alguna manera dentro de nuestra propia civilización, dentro de nuestras mentes, no solo en el aspecto social, como especie, sino incluso en la propia naturaleza individual del ser humano.

De alguna forma las ideas simples y complejas consiguieron mover los átomos de la materia para que encontrasen nuevas formas y posibilidades que permitiesen que esas mismas ideas pudiesen no solo subsistir, sino incluso evolucionar, y a la vez conseguir moldear un cuerpo, un individuo con más capacidad para procesar y generar más ideas simples y complejas.

El planeta Tierra fue el soporte material para que este proceso pudiese ser viable, sus recursos, el sistema solar, su energía, sus elementos, todo un conjunto no solo de condiciones físico-químicas, sino también de otras singularidades cualitativas como la diversidad, la combinación y el azar, hizo posibles este desarrollo.

La idea

La especie humana del siglo XXI representada actualmente en sus distintas culturas, lenguas, regímenes políticos, económicos, religiosos, e incluso en su variedad y forma física ha hecho un largo recorrido evolutivo, una parte pequeña de ese camino la podemos interpretar y describir con nuestras actuales ciencias, desde la antropología, la historia, biología, genética, política, economía..; cualquier forma o enfoque sobre nosotros mismos, nos llevará siempre de alguna manera a un límite, a un punto muerto en el que ya no podemos avanzar. Solo dando un pequeño salto a otro mundo, otro enfoque diferente, podemos encontrar nuestro perdido rastro evolutivo que nos permita profundizar más en nuestro origen, nuestro inicio, las ideas simples y complejas.

Los pequeños micro-entornos en los que durante millones de años las sustancias simples y complejas consiguieron subsistir, evolucionar, generando infinidad de grupos homogéneos que se confrontaban mediante una escala jerárquica en la que los más dominantes conseguían la energía necesaria de los otros para poder existir y por tanto evolucionar.

El **Pensamiento Dual (PD)** de la sustancia, su consciencia, le permitió conocer su mundo exterior, a su entorno, en el que habitaba y del que obtendría no solo la energía necesaria para desarrollarse y crecer, su cuerpo, sino que absorbería del mismo nuevas ideas simples y complejas.

El **Pensamiento Dual (PD)** dio paso al proceso de la comunicación por el cual las sustancias podrían no solo reconocerse como tal, como individuos, sino que desarrollarían la capacidad de transferencia de ideas simples y complejas entre ellas mismas.

De esta capacidad comunicativa para reconocerse las sustancias simples y complejas es como consiguen forman grupos homogéneos que acaban generando un **Pensamiento Grupal (PG)** del cual permite obtener un mayor nivel de desarrollo y capacidad. Los grupos homogéneos más evolucionados consiguen no solo crecer en número, sino que incluso son capaces de saltar a otros entornos diferentes luchando por la dominancia de los mismos.

Todo este proceso se está realizando en todo el planeta, por lo que la diversidad y las condiciones del mismo favorecen esta evolución de las propias sustancias simples y complejas, su estructura espacial, y sus ideas simples y complejas. Infinidad de grupos homogéneos generando continuamente ideas simples y complejas a través de su experiencia existencial, compartiendo, absorbiendo, manteniendo una lucha continúa por su jerarquía, por su nivel en la escala evolutiva.

El tránsito de las sustancias complejas a las primitivas formas iniciales de la vida se realiza paso a paso, millones de años, molécula a molécula, ideas simples y complejas que se van acumulando y a la vez se van procesando para obtener nuevas más desarrolladas con capacidad no solo ya de conocer mejor el entorno, gracias al desarrollo de su **Pensamiento Dual (PD),** de sus sensores, sino que es ya capaz de identificar su grupo homogéneo, comunicarse con sus miembros y finalmente conseguir un proceso de clonación compartida, que le permite no solo mantener y aumentar los individuos del grupo en su entorno, sino que, y más importante, conseguir aumentar la capacidad de procesar nuevas ideas simples y complejas.

La forma biológica de la materia se desarrolla lentamente a lo largo de todo el planeta, en un proceso resultante precisamente de su propia diversidad, y de la cual surgirá millones de formas distintas de vida que tomarán caminos diversos o entrelazados dentro de los diferentes entornos en los que tendrán que evolucionar, luchando y compitiendo hasta alcanzar a las especies y formas de vida de nuestros días. El salto de las sustancias simples y complejas a las primeras formas primitivas de la vida requiere por tanto de una estructura espacial, físico-química más compleja la cual necesitará cada vez más energía para poder mantener activas sus funciones básicas, parte de la misma es proporcionada por el Sol que irradia una amplia cantidad y variedad de energía que es absorbida, almacenada y consumida por el planeta y por todas sus primitivas formas de vida. Otra fuente importante de energía extra es a través de la absorción y la degradación de otras formas de vida mediante el proceso de la comunicación beligerante.

Por tanto la actividad de las sustancias simples y complejas, la forma o los roles que cada una de ellas adopta individualmente o con respecto al grupo, genera los diferentes roles que permiten a los grupos homogéneos generar a su vez formas de vida primitivas que heredan y desarrollan, acentuando aún más esos rasgos o roles del comportamiento del grupo y del individuo. Las primeras formas primitivas de la vida han heredado de las sustancias complejas unas ideas simples y complejas evolucionadas que se incorporan a sus tres pensamientos **PD-PG-PFP**.

La especie humana en sus formas primitivas ha conseguido desarrollarse en la escala evolutiva, no solo por su amplia capacidad física, su cuerpo, sino precisamente por sus ideas sociales, por el desarrollo de sus roles, de sus tres pensamientos **PD-PG-PFP**.

Los primero grupos homogéneos de la especie humana consiguieron alcanzar el dominio de un territorio, de un entorno externo del que podían extraer y acumular la energía necesaria para poder mantener su existencia cotidiana. Las primeras estructuras sociales procedían de la evolución continuada de su múltiple herencia recibida, tanto colectiva como individual, y del procesamiento de nuevas ideas simples y complejas generadas por su experiencia en sus diferentes pensamientos. Los distintos roles de cada miembro del grupo y la competencia entre los mismos genera una estructura social de dominancia en el que cada tipo de rol tiene un peso específico en el conjunto del grupo.

Los roles formaban parte del grupo y representaban el inicio de las ideas sociales que marcarían el destino no solo del grupo, sino de cada individuo del mismo. La interrelación entre los distintos roles suponía también una lucha de dominancia que se materializaba en una escala jerárquica que abarcaba a todos los miembros del grupo.

Al mismo nivel, el desarrollo de los tres pensamientos **PD-PG-PFP** y la dominancia entre los mismos también fue un factor clave en la estructura social de los primero humanos. La lucha existencial por la supervivencia combinada con la necesidad de conocer y comprender el mundo exterior, así como el reconocimiento de su propia identidad y la del grupo, junto con su rastro o huella, representan igualmente una escala jerárquica de dominancia en su sociedad.

En millones de años, las sustancias complejas han conseguido evolucionar desde su micro-entorno microscópico a un pequeño grupo de especie humana habitando un entorno geográfico determinado, delimitado y condicionado tanto por sus capacidades como por su conocimiento del entorno. Este incremento de sus facultades, de sus tres pensamientos **PD-PG-PFP,** desarrolla exponencialmente sus posibilidades no solo de subsistencia, sino que también incrementa su nivel energético de consumo el cual proviene directamente de su acción en el entorno de su influencia.

Al igual que la especie humana millones de otras sustancias complejas han conseguido evolucionar en otras formas de vida logrando mantener no solo su subsistencia como grupo, en un entorno determinado, sino que también, interactuando con el resto de los seres de su entorno y por tanto generando un comportamiento o una adaptación al medio.

Los primeros grupos de la especie humana eran muy reducidos y probablemente habían surgido o evolucionado desde diferentes entornos del planeta. Los individuos mantenían una relación basada precisamente en los roles primarios, que cada uno de ellos heredaba de sus progenitores y del grupo. Estos roles formaban parte de su vida, de su experiencia, era la forma, las normas para interactuar con el medio y con el propio grupo. Estos roles primarios por tanto, siguen evolucionando continuamente, no solo por la propia experiencia individual sino también por la que adquiere del grupo, y es este mismo rol el que vuelve a ser transmitido a sus descendientes, pero mucho más evolucionado.

Estos primeros grupos humanos consiguen mantener su capacidad existencial en su entorno gracias a diferentes factores como la capacidad organizativa entre sus diferentes roles del grupo, el grado de comunicación social entre los diferentes individuos; y sobre todo la capacidad reproductora del grupo, individuos con capacidad para el **ROL REPRODUCTOR** y **ROL ACTIVADOR REPRODUCTOR.**

De alguna manera las sustancias complejas lograron transmitir a los seres vivos, en un proceso de millones de años, una consciencia existencial que convirtió a dichos seres en individuos sociales en los que cada uno de ellos es una evolución, una transformación no solo de un cuerpo físico, sino, y mucho más importante, de un comportamiento social del que es participe activo y a la vez pasivo. Acepta y obedece a las normas impuestas por los roles de grupo, pero también las modifica y transforma a medida que su experiencia y conocimiento del medio le permite imponer al grupo nuevos comportamientos sociales comunes.

La idea

El equilibrio entre los diferentes roles primitivos del grupo consigue mantener a todos sus individuos unidos en un entorno geográfico, acotado en dicho espacio por los límites que le impone su nivel de conocimiento global, y su capacidad de observación y exploración. El **ROL DOMINADOR** del grupo genera por tanto un individuo dominante que asume su rol no solo por sus capacidades de dominancia frente al resto, sino también por su capacidad de coordinar y equilibrar el resto de los otros roles, **ROL LUCHADOR, ROL CONSTRUCTOR, ROL REPRODUCTOR** y **ROL ACTIVADOR REPRODUCTOR.**

A medida que el grupo social consigue incrementar su población de individuos, los diferentes roles del mismo se reorganizan en nuevas escalas jerárquicas en las que el factor de dominancia recoloca a cada uno en un nivel social frente a los demás.

El grado de comunicación y el desarrollo del lenguaje será otros de los factores que influyan en el desarrollo de las ideas sociales, de los roles y de la dominancia del grupo. El **Pensamiento Dual (PD)** a través de su **Pensamiento Inconsciente (PI)** y el **Pensamiento Consciente (PC)** van asociando, convirtiendo y transformando las ideas simples y complejas en **Ondas Básicas de Lenguaje (OBL)** las cuales pueden ser interpretadas, emitidas y recibidas no solo por los diferentes sensores-emisores del individuo, sino por su actividad y movilidad en su entorno. De esta forma las diferentes **Ondas Básicas de Lenguaje (OBL)** emitidas y recibidas desde los órganos del cuerpo son interpretadas no solo por el **Pensamiento Dual (PD)** del individuo, sino que también van a incorporarse y formar parte del **Pensamiento Grupal (PG)** y **Pensamiento Físico Permanente (PFP).**

El grupo no solo desarrolla su actividad cotidiana sino que con ella también asocia **Ondas Básicas de Lenguaje (OBL)** que se van estructurando y adaptando a los diferentes soportes físicos de comunicación, canales que se encargan en última instancia en transformar y dirigir esas ideas simples y complejas a su grupo y al mundo exterior.

Los grupos de la especie humana por tanto en su fase primitiva vivían en un entorno delimitado y equilibrado en el que podían por un lado subsistir, al conseguir no solo reponer y suplantar el número de individuos sino que también podrían seguir evolucionando en su estructura social, su organización, sus roles, su **Pensamiento Dual (PD), Pensamiento Grupal (PG)** y **Pensamiento Físico Permanente (PFP);** y por otro lado incrementaban en su primitiva sociedad la capacidad de sus ideas simples y complejas y la forma, las **Ondas Básicas de Lenguaje (OBL)** para manejar, procesar y transferir dichas ideas.

Este desarrollo combinado y desigual de todos estos factores evolutivos impulsaba al grupo a realizar y estructurarse como una sociedad social en la que los diferentes roles conseguían generar y crear nuevas ideas simples y complejas que se materializaban no solo en aspectos sociales, estructura y escala social, sino que también se transformaba en objetos materiales o herramientas sociales que le impulsaban a los más alto en la escala jerárquica de los seres vivos. Estos saltos cualitativos del grupo de la especie humana que le permitían incrementar cuantitativamente su sociedad comprometían de alguna manera el frágil equilibrio de su reducido y delimitado entorno y le impulsaba a conquistar y ampliar más el espacio del mismo y por tanto asegurarse más capacidad, no solo para subsistir, sino también para garantizar su propia evolución. Los grupos crecen y se hacen cada vez más grandes en el espacio y a lo largo del tiempo, y por tanto necesitan desarrollar estructuras sociales más complejas que no solo absorban y reorganicen los diferentes roles e individuos del mismo, sino que también genere e imponga las suficientes ideas sociales para dar cohesión y eficacia al desarrollo y la actividad del grupo.

El grupo primitivo de la especie humana tuvo que abrirse paso en el planeta, en su entorno, no solo consiguiendo extraer la energía necesaria para mantener y desarrollar sus cuerpos, sino que incluso y a la vez, tenía que conservar y asegurar la evolución y la transmisión de sus ideas simples y complejas mediante las capacidades de cada uno de sus individuos, por lo que estos eran el principal soporte vital de su sociedad.

La primitiva estructura social se basaba precisamente en los roles heredados de la materia simple y compleja, los cuales formaban parte y se incorporaban a los individuos, a su actividad, por lo que ellos mismos eran los responsables de su evolución.

13. - El Rol Reproductor.

El grupo social crece y se reproduce numéricamente manteniendo de esta forma un número suficiente de individuos en los diferentes roles que hagan posible no solo la conservación y la generación de nuevas ideas simples y complejas evolucionadas, sino que también garantiza su transmisión y el aprendizaje a las siguientes generaciones de individuos que se incorporan al grupo.

El mecanismo biológico de los primeros grupos primitivos de la especie humana es la evolución continuada de millones de años desde las primeras sustancias simples y complejas que empezaron un proceso inicial de clonación simple que se fue transformando y desarrollando para convertirse en el instrumento fundamental que ha permitido la vida en este planeta en sus distintas formas. No solo la vida, sino los mecanismos para el mantenimiento y la conservación de los diferentes grupos de especies vivientes.

Por tanto, antes incluso de la aparición de los primeros seres biológicos, las sustancias simples y complejas ya habían comenzado una evolución en los diferentes grupos y entornos del planeta, y en la que determinadas sustancias simples y complejas evolucionaron desde una reproducción por clonación simple a una clonación compartida, y dentro de este modelo, a una clonación pasiva compartida en la que la que por un lado la **Sustancia Compleja**

Inducida (**SCIA**) no solo recibe en trasferencia una parte de la estructura física para compartir con la suya, sino que también en este proceso de la comunicación con la otra **Sustancia Compleja Inductor (SCIR)**, recibe, o es transferido por esta última, las ideas simples y complejas necesarias para desarrollar y compartir y hacer posible junto con las suyas el nuevo prototipo clonado o hereditario resultante de su relación reproductora.

Este sistema reproductor, clonación pasiva compartida, mediante transferencias entre una **Sustancia Compleja Inductor (SCIR)** y una **Sustancia Compleja Inducida (SCIA)** no solo consigue asegurar el mantenimiento y crecimiento del grupo en su entorno, sino que también consigue un desarrollo evolutivo del propio grupo, y dentro del mismo, una transformación continuada de los distintos mecanismo que automatizan el rol reproductor y sus individuos asociados.

Este camino evolutivo de las sustancias complejas tiene importantes consecuencias en las estructuras físicas de las mismas, ya que los diferentes roles reproductores se van definiendo claramente dentro de los propios grupos y entornos, y por tanto van a sufrir una transformación evolutiva diferente en función del papel o rol reproductor que adoptan dentro del proceso comunicativo de la reproducción de su grupo.

La **Sustancia Compleja Inducida (SCIA)** va a desarrollar por tanto una evolución totalmente diferente en su estructura física, en su cuerpo, al estar condicionada precisamente al rol que adopta en la comunicación reproductiva frente a la **Sustancia Compleja Inductor (SCIR)**. Este proceso continuado a lo largo de millones de años, ha especializado a una parte de los individuos del grupo a asumir roles reproductivos diferentes, y por tanto, ha desarrollado cuerpos adaptados a dichos roles para conseguir obtener una acople físico que permita y garantice los mecanismo de comunicación y de las transferencias de sustancias activadoras que posibiliten la reproducción del grupo, de una especie determinada.

La evolución de los cuerpos de la **Sustancia Compleja Inducida (SCIA)** le llevará en esa largo proceso evolutivo de millones de años a la transformación física como individuo hembra, fémina, y por tanto adoptara su capacidad como **Rol Reproductor** del sexo femenino, dotándola por tanto de unos

La idea

mecanismos propios reproductivos que van a poder ser activados dentro de su propio grupo u otros grupos compatibles por el **Rol Activador Reproductor,** individuo con un cuerpo evolucionado paralelamente como macho, "masculus", que adoptara por tanto su capacidad como el rol reproductor de sexo masculino, dotándole por tanto de unos mecanismos propios reproductivos con los que va a poder activar e iniciar el proceso reproductivo en las hembras de su propio grupo u otros grupos compatibles. No solo la transformación diferenciada de los cuerpos entre ambos sexos será determinante en el grupo social, sino que también los roles o dominancias entre los diferentes sexos tendrá un papel definitivo en las conductas sociales entre los mismos individuos y en la propia evolución de los mismos. No solo el cuerpo de los individuos evoluciona paralelamente en su condición de **Rol Reproductor o Rol Activador Reproductor,** sino que también el **Pensamiento Dual** en ambos individuos tendrá una evolución aún más compleja y profunda tanto en su forma de comunicación entre los diferentes sexos, como en la aceptación de sus respectivos roles reproductores como individuos y como grupo.

El grupo por tanto logra evolucionar y desarrollarse gracias a esta especialización de los cuerpos de sus individuos, mediante la diferenciación de su sexo, masculino y femenino, y por tanto de los roles y las dominancias que adoptan entre ellos mismos, condicionando de forma importante, no solo la evolución social de cada individuo en función de su sexo, sino su dominancia y su escala jerárquica en el grupo. Esta diferencia física en los cuerpos tendrá también un importante factor relevante en el desarrollo de sus propias capacidades de adaptación sobre el medio, sobre su nivel de fuerza y destreza para dominar el entorno y las diferentes variables que suponen la supervivencia del grupo.

La hembra de sexo femenino ocupa un importante papel en el **ROL REPRODUCTOR** del grupo al haber conseguido desarrollar en su cuerpo todos los mecanismos y procesos necesarios no solo para poder engendrar un nuevo individuo, sino incluso para alimentarlo y cuidarlo en su primera etapa de crecimiento, además de iniciarlo y desarrollarlo para la integración en la actividad social del propio grupo. Pese a este rol fundamental en su grupo, la hembra en su continua lucha o dominancia con los otros individuos es relegada socialmente a los últimos puestos del mismo, ya que el sexo masculino en los diferentes roles impone su total dominancia sobre el sexo femenino.

Esta conducta de los primitivos grupos de la especie humana con respecto al sexo femenino será una tendencia constante que se mantendrá en todas las diferentes sociedades sociales a lo largo del tiempo, y que aún se mantiene de forma desigual en las diferentes culturas y razas de nuestra actual sociedad, perdura aun en todas las estructuras sociales actuales.

El grupo y las sociedades primitivas mantienen una estructura social estable basada principalmente en su capacidad de mantener o incluso de poder incrementar el número de individuos en su entorno delimitado, y esta capacidad de supervivencia solo puede ser posible con el desarrollo social del **ROL REPRODUCTOR** que incorpora y dota al grupo social de mecanismos reproductivos sostenidos mediante la comunicación entre roles de los individuos del sexo masculino y el femenino fundamentalmente. Esta relación es precisamente el origen, o más bien, de esta relación se genera los vínculos que por un lado unen a dichos individuos y por otro, debido a la dominancia entre individuos, generan nuevas jerarquías y una escala social para los distintos roles del grupo y sus individuos. El sexo masculino y femenino se posicionan en los grupos sociales y ocupan los roles heredados del propio grupo.

Por tanto el **ROL REPRODUCTOR,** el sexo femenino, ha conseguido adaptar y transformar su cuerpo para especializarse completamente a las funciones reproductivas del grupo, no solo únicamente para la reproducción de nuevos individuos, sino que también, ha tenido que desarrollar por un lado la capacidad de autoalimentarlos a través de su propio cuerpo, y por otro lado especializarse en todas las múltiples habilidades derivadas del crecimiento y aprendizaje de los nuevos individuos. Todos estos factores condicionaron su posición y su rol en el grupo como individuo y a la vez como el sexo femenino.

El sexo femenino ocupará el centro del **ROL REPRODUCTOR** y esta exclusividad en la función reproductiva de su cuerpo, implicará un sometimiento total del mismo a las normas sociales del propio grupo, especialmente las derivadas de su uso y aprovechamiento ya que se considera esta función existencial

La idea

reproductiva como propia de todo el grupo y por tanto sujeta a su dominio colectivo.

El individuo de sexo femenino evoluciona en su **Pensamiento Dual** de forma diferente al del sexo masculino, ya que tanto su **Pensamiento Inconsciente (PI)** así como su **Pensamiento Consciente (PC)** están siempre condicionados directamente por el **Pensamiento Grupal (PG),** impidiendo este, por tanto, su pleno desarrollo en la lucha por la dominancia en las jerarquías de todos los demás roles de su grupo, y también ocupando la mayoría de la veces los últimos puestos de las escalas del grupo, incluso como individuo en su propio **ROL REPRODUCTOR** frente al masculino. La dominancia del género masculino ejerce por tanto una fuerza directa sobre el otro género que le impide desarrollar su **Pensamiento Dual (PD)** al mismo nivel que él del masculino. Solo, y poco a poco, con el desarrollo y la aportaciones de sus propias habilidades irá consiguiendo modificar los comportamientos de los diferentes roles del **Pensamiento Grupal (PG),** e ir consiguiendo una integración lenta y una posición más favorable frente al otro sexo en la jerarquía de los mismos.

Esta lucha continua del sexo femenino, de su **Pensamiento Dual (PD)** frente a su propio grupo, representa de alguna manera su libertad individual frente al modelo social primitivo en el que tiene que vivir y participar, no solo como mera reproductora de su propia especie, sino como integrante de esa misma sociedad que le otorga un rol condicionado a la permanente dominancia ejercida sin control por parte del sexo masculino, y por tanto sujeta en última instancia a sus últimas decisiones.

Las hembras por tanto no solo forman parte de su grupo, sino que son las que permiten al mismo desarrollarse al poder generar nuevos individuos más evolucionados y mejor adaptados a su entorno. Esta capacidad física está vinculada precisamente a su **Pensamiento Dual (PD)** y esta combinación crea a su vez un vínculo estrecho con todos sus descendientes y por tanto genera con los mismos un rol de dependencia variable a lo largo del tiempo de su crecimiento, desarrollo y madurez.

La hembra es por tanto una evolución de las sustancias complejas que a través de su capacidad de comunicación lograron su transformación mediante una clonación compartida pasiva y por tanto iniciaron un largo camino que le llevaría directamente a la consecución de un órgano reproductivo propio como hembras de la especie humana, no solo como una mera reproductora de nuevos individuos, sino que, y mucho más importante, incorporando en cada uno de ellos, en su propio **Pensamiento Dual (PD)** una capacidad de reconocimiento mutuo, entre ascendiente y descendiente, como grupo, como especie humana, una **Frecuencia de Resonancia Humana (FRH)**. Esta onda inducida que oscila entre los dos pensamientos del **Pensamiento Dual (PD)**, y que a su vez es capaz de generar diferentes armónicos del comportamiento en el **Pensamiento Grupal (PG)** es la que consigue dar una coherencia y un sentido social a la propia vida existencial del grupo en su entorno.

De alguna manera, la hembra, el sexo femenino ha tenido que evolucionar dentro de su propio grupo, aportando por un lado su capacidad reproductora al servicio de la actividad de los machos activadores reproductores, y a la vez, incorporarse a la lucha continua de la dominancia jerárquica entre los diferentes roles del grupo social, no solo entre los individuos de su propio sexo, sino también contra los del sexo contrario.

Esta lucha continua de las hembras para conseguir escalar en la dominancia de las diferentes jerarquías del grupo se ha visto siempre enfrentada por su continua y obligada actividad reproductora, actividad biológica regulada por las normas del grupo y por tanto sometida permanentemente al mismo, a las decisiones de sus activadores reproductores.

Por tanto su facultad reproductora limitaba de alguna manera su propia capacidad de dominancia en su grupo como individuo, y como consecuencia de este desequilibrio entre los diferentes sexos, no solo se generó un proceso reacción, de liberación continua por parte de la hembra frente al uso y la disposición del grupo de sus cuerpos para la actividad reproductora, sino que incluso, se inicia una incipiente lucha de dominancia específica para reivindicar un espacio propio que le permita no solo influir y cambiar las normas que socializan el derecho al uso reproductor de sus cuerpos, sino que además les permita tomar el control total del mismo, sin injerencias externas.

La idea

La evolución de la especie humana es por tanto posible gracias a esta facultad reproductora de las hembras, pero no solo para conseguir mantener e incrementar el número de individuos del grupo, sino también por su capacidad para inducir y activar en sus descendientes, la onda de **Frecuencia de Resonancia Humana (FRH),** que le permite al grupo comportarse y reconocerse como tal, transferirse sus conocimientos, comunicarse entre ellos, generar nuevas ideas simples y complejas que permitan a la especie seguir escalando en la dominancia entre todos los seres vivos del planeta.

La evolución de la especie humana llevó a que los principales roles que configuraban las ideas simples y complejas evolucionadas a través de su **Pensamiento Dual (PD)** dieran lugar en el **Pensamiento Grupal (PG)** a las normas sociales que decidían, no solo sobre el uso de la actividad reproductora de las hembras, sino que incluso, afectaban a todos sus descendientes y especialmente sobre los nuevos individuos de sexo femenino, que eran ya inducidas a tener que realizar y aceptar permanentemente las reglas que regían esa función de su capacidad reproductora.

La aparición de los diferentes grupos primitivos de la raza humana fue posible gracias a la evolución continuada de las sustancias complejas evolucionadas, a la lucha por la dominancia, a los múltiples entornos, al proceso de la comunicación entre las sustancias complejas, y a la acumulación de ideas simples y complejas que fueron transformando el **Pensamiento Dual (PD)** que dio lugar a los individuos y a los grupos.

El planeta inicio un largo camino de millones de años en los que las ideas simples y complejas fueron evolucionando y conquistando todos los rincones del mismo, millones de entornos, millones de combinaciones y procesos dieron lugar a la vida y a los primeros grupos humanos.

La capacidad de subsistencia de los primeros grupos primitivos es por tanto la capacidad de reproducción de los mismos, y por tanto es el **ROL REPRODUCTOR** el centro del que pivota la subsistencia de todo el grupo. Las hembras se convierten por tanto en su instrumento generador y transformador y son el primer y principal valor activo del mismo, del que se desarrollarán los futuros roles del grupo.

El **ROL REPRODUCTOR** se convierte en el primer valor humano de intercambio con el que podrán iniciar las relaciones o las dominancias entre los diferentes grupos de los entornos. Las hembras por tanto, en esta primitiva fase evolutiva se transforman en el principal valor de posesión e intercambio para los diferentes grupos que pugnan en una lucha o pugna continua por el control del entorno, del territorio; su energía, su espacio, y sobre todo y fundamentalmente por la posesión y el control de las hembras de los otros grupos homogéneos.

Este trasvase de las hembras de un grupo a otro implica que el **ROL REPRODUCTOR** adquiere y transmite las ideas simples y complejas evolucionadas de los diferentes grupos, y mediante su función reproductora, recibiendo la transferencia a través de la comunicación reproductora del **ROL ACTIVADOR REPRODUCTOR.** De esta forma consigue generar nuevos individuos más evolucionados que reforzarán el poder y la dominancia del grupo dominante.

Por tanto el **ROL REPRODUCTOR** adquiere un doble valor para el grupo, como hembra consigue generar nuevos miembros evolucionados mediante el proceso selectivo de la reproducción biológica, y además, como individuo del propio grupo, adquiere y genera nuevas capacidades, ideas simples y complejas evolucionadas, mediante el desarrollo de su propio **Pensamiento Dual (PD).** Este doble valor las convierte en la posesión más importante del grupo y por tanto será durante muchos millones de años el eje central que generará las diferentes normas sociales y grupales que formarán los futuros núcleos y poblaciones de las diferentes y numerosas tribus y pueblos de la especie humana.

El **Pensamiento Grupal (PG)** por tanto incorpora en su roles colectivos y sociales el valor del **ROL REPRODUCTOR,** por lo que genera una dominancia grupal sobre la posesión y el uso de dicho rol reproductor, lo cual implica una fusión completa del dominio integral sobre la capacidad reproductora por un lado y de la propia hembra como individuo del grupo por el otro, a la vez que también genera una nueva dominancia sobre todos sus descendientes.

El **Pensamiento Grupal (PG)** a partir de sus primitivos roles comienza un proceso evolutivo que le llevará a crear sus

La idea

propias normas de conducta que serán la base de la subsistencia de los diferentes grupos y los cimientos necesarios para poder llegar a crear las grandes sociedades actuales.

14. - Las ideas y la especie humana.

Las ideas simples y complejas que han conseguido evolucionar desde las primeras sustancias simples y complejas, hasta construir el actual mundo biológico, continúan evolucionando, construyendo lentamente las bases y las leyes que regirán un nuevo universo que abrirá las puertas a una nueva sociedad en la que probablemente lo humano, lo biológico será algo secundario o residual.

Somos portadores y a la vez constructores de nuevas ideas de las que solamente una parte muy pequeña de todas ellas las podemos materializar dándole consistencia, existencia en nuestra propia sociedad. Nuestro **Pensamiento Dual (PD)** genera constantemente ideas simples y complejas que son evaluadas y ponderadas continuamente por el **Pensamiento Grupal (PG)**. Nuestras limitaciones biológicas, nuestros confines existencialistas chocan frontalmente con nuestras propias ideas, con nuestro **Pensamiento Dual (PD).** De alguna manera las ideas son muy conscientes de las propias limitaciones de nuestro ecosistema biológico, de nuestro cuerpo, y de alguna modo intentan superar o saltar esas barreras de la propia naturaleza mediante la búsqueda combinada de nuevas formas de vida que haga posible la existencia de la materia en otro nivel más evolucionado.

La idea

Durante millones de años por tanto las ideas simples y complejas han conseguido desarrollar mediante una evolución lenta en el planeta todo un ecosistema enlazado en el que la especie humana es su mayor logro evolutivo, ya que no solo representa el perfeccionado biológico más avanzado de la naturaleza, sino que a su vez y partir de nuestra propia naturaleza existencial ha ido construyendo y creando lentamente un nuevo mundo paralelo virtual, en el que las ideas simples y complejas ya pueden sobrevivir e incluso actuar externamente a la actual dependencia biológica de la especia humana.

Nuestra historia por tanto, ha sobrepasado ya varios niveles del conocimiento de nuestra propia naturaleza y nos impulsa por alguna razón a seguir desafiando nuestras propias limitaciones de forma que estamos ya saltando continuamente las fronteras, las barreras morales y científicas que permiten a la humanidad crear otro nuevo mundo paralelo que convivirá y probablemente suplantará a la propia especie humana.

Por un lado estamos almacenando fuera de nuestro **Pensamiento Dual (PD)** una cantidad inmensa de conocimiento, ideas simples y complejas, las cuales ya no dependen directamente de los individuos, sino que están de algunas maneras conservadas y disponibles no solo en los almacenes analógicos o digitales externos para su posterior re-procesamiento por parte de nuestro propio **Pensamiento Dual (PD)**, sino que a la vez, van a estar disponibles para el nuevo **Pensamiento Atómico Dual Virtual (PADV)** de los futuros seres del planeta.

Estamos desarrollando numerosos dispositivos y artefactos que representan las funciones o las imágenes mejoradas y evolucionadas de nuestro propio **Pensamiento Consciente.** No solo la creación y la construcción de miles de nuevos dispositivos que alargan y ahondan nuestra propia capacidad del conocimiento exhaustivo y profundo de nuestro entorno, de la materia, de sus reacciones, ponderando el espacio y el tiempo, sino que a la vez, nuestra naturaleza existencial nos obliga a diseñar un **Pensamiento Inconsciente (PI)** que pueda utilizar y manejar de forma global el nuevo mundo virtual, un mundo nuevo en el que el poder y la capacidad de evolucionar saltará irremisiblemente de la especie humana a la futura especie fruto de las ideas simples y complejas que evolucionaron hace millones de años.

La idea

La capacidad de los individuos de la especie humana se ve cada más limitada por diferentes causas, por un lado por los factores biológicos de su cuerpo, limitados en el tiempo y en el espacio, así como por su propio entorno, cada vez más hostil para el desarrollo de la vida en el planeta, y por otro lado, el nivel alcanzado de su **Pensamiento Grupal (PG)** ha conseguido desarrollar una sociedad global en el que el conocimiento y la capacidad de procesar dichas ideas se haya transferido en su mayor parte a las **Grupos Corporativos (GC)**, aglutinadores de las ideas simples y complejas, dejando y desnaturalizando por tanto la capacidad y las decisiones sobre su desarrollo prácticamente en las manos de los propietarios de los mismos, relegando y alejando por tanto las decisiones y opiniones de los propios individuos.

El desarrollo continuado de las especie humana han alterado significativamente los actuales entornos políticos y geográficos del planeta, diferentes culturas, distintas ideologías, en diferentes estadios evolutivos confluyen directamente y amplían los antagonismos entre ellos como consecuencia precisamente del uso y de la capacidad de decisión de las ideas simples y complejas evolucionadas que de alguna manera han conseguido alcanzar el poder de ser ellas mismas y ser capaces de materializarse en una incipiente, pero prometedora nueva raza evolutiva que irá suplantando y sustituyendo lentamente a nuestra vieja raza biológica.

Por tanto el nuevo **Pensamiento Dual Virtual (PDV)** será el principio de una nueva era en la que forzosamente tendremos que empezar a convivir, primero de forma muy primitiva con los dispositivos y con su incipiente **Pensamiento Dual Virtual (PDV),** hasta que algún día serán ellos los que conseguirán convivir con todos nosotros.

Las ideas simples y complejas seguirán su camino, evolucionarán hacia nuevos cuerpos en los que existirán un amplio abanico de posibilidades, fruto precisamente de la interacción de la actual vida biológica y las propias ideas simples y complejas que harán posibles ese salto necesario para poder romper y ampliar nuestras barreras y limitaciones biológicas.

El futuro **Pensamiento Dual Virtual (PDV)** estará formado por un **Pensamiento Inconsciente Virtual (PIV)**, que representará el nuevo potencial evolutivo de la nueva especie, su dominancia, y **Pensamiento Consciente Virtual (PCV)** que representará el desarrollo periférico de conocimiento no solo de nuestro entorno sino de su futuro fuera de nuestro planeta y de nuestro sistema solar.

Este salto gigante de las ideas simples y complejas, es el resultado de nuestra evolución como especie humana, en la que al margen de nuestros comportamientos sociales, económicos, de toda nuestra actividad en el planeta, han conseguido evolucionar paralelamente frente a nuestra propia historia social. Las ideas han saltado del **Pensamiento Dual (PD)** de cada individuo, transmitiéndose entre ellos mediante la comunicación, para conservarse y evolucionar en el **Pensamiento Grupal (PG)** utilizando para ello todos los diferentes soportes físicos creados para albergar y procesar todo tipo de conocimientos, de ideas simples y complejas.

Los individuos, su **Pensamiento Dual (PD)** ha evolucionado de tal manera que sus capacidades se ven cada vez más desarrolladas al formarse en una sociedad en la que el **Pensamiento Grupal (PG)** es como una prolongación de sí mismo, pero a la vez, este acceso al mismo, al conocimiento está condicionado y restringido por los actuales propietarios, los **Grupos Corporativos (GC)**

Las ideas simples y complejas se hayan por tanto ya liberadas totalmente del **Pensamiento Dual (PD),** incorporadas al **Pensamiento Grupal (PG)** , pero delimitadas en los **Grupos Corporativos (GC)** en función de su contenido y de su posible utilización comercial por los mismos. La actividad humana, individual o colectiva en el manejo y procesamiento de las ideas simples y complejas estará sujetas a los roles sociales y a la dominancia de los mismos.

Las ideas simples y complejas han transformado nuestro propio mundo, no solo consiguiendo crear y desarrollar en nuestro planeta una naturaleza, un mundo en el que la especie humana ha conseguido evolucionar de forma sustancial frente a otros seres vivientes, y a la vez, sus ideas simples y complejas han sido capaces de no solo de existir en los diferentes niveles del **Pensamiento Dual (PD),** sino que incluso han alcanzado ya un primer nivel existencial fuera de nuestro propio cuerpo biológico para posicionarse y conseguir en un futuro muy cercano crear una nueva especie post-humana que continúe la evolución en los futuros entorno y con unas nuevas reglas de dominancia.

15. Dominancia y violencia, comunicación, reproducción y sexo.

La evolución de las ideas simples y complejas, esta paralelamente asociada a la evolución de las propias sustancias simples y complejas. La experiencia individual y colectiva propicia activamente una interacción entre los individuos de un entorno determinado en el que la comunicación implica necesariamente una relación de dominancia entre los mismos individuos.

La dominancia entre las diferentes sustancias simples y complejas conlleva de alguna manera una predisposición a mostrar y por tanto, imponer unas capacidades superiores o preferentes por parte de unas sustancias simples y complejas sobre otras, o lo que es lo mismo, supone una confrontación de ideas simples y complejas sustentadas por unas capacidades de un cuerpo físico. Esta confrontación continua genera por tanto una escala jerárquica entre las diferentes sustancias en un entorno determinado por el control y el reparto tanto de los recursos físicos que hacen posible la existencia de las propias sustancias y sus diferentes grupos, como de su posición en sus distintos roles.

La dominancia de unas sustancias sobre otras se puede manifestar según el tipo de comunicación que se da entre ellas,

La idea

desde una absorción y degradación parcial o total de las mismas, hasta una colaboración activa entre ellas, o incluso participar activamente en el proceso de la clonación simple o compartida. La evolución continuada en el planeta va generando paulatinamente más ideas simples y complejas que transforman a los propios individuos y a sus grupos resultantes, dotándoles de nuevas capacidades físicas que posibilitan su supervivencia y por tanto incrementan su capacidad de dominancia sobre el resto de los individuos en su entorno o incluso fuera del él.

El desarrollo y la evolución del **Pensamiento Dual (PD)** en las diferentes sustancias simples y complejas, y por tanto su **Pensamiento Inconsciente (PI)** y el **Pensamiento Consciente (PC)** dotan a la misma de sus capacidades físicas a la hora de interactuar en su entorno con otras sustancias. A medida que las sustancias va evolucionando, a medida que su **Pensamiento Consciente (PC)** va incrementando su capacidad de observar, evaluar y ponderar el mundo exterior, esta evolución se va concretando en su capacidad física, en su cuerpo físico, dotándole de los sensores correspondientes así como de los medios físicos para interactuar el medio exterior. Su supervivencia va a depender precisamente de esa fuerza potencial evolutiva que va aprendiendo a manejar y controlar en su medio, y ante otras sustancias, fuerza que le permitirá un tiempo de vida existencial en el cual desarrollará su comportamiento y especialmente su capacidad de dominancia en el entorno y en su grupo homogéneo.

A medida que incrementa esa capacidad de dominancia, y por tanto todos los recursos físicos posibles, conseguirá desarrollar paulatinamente su **Pensamiento Consciente (PC),** la fuerza que le permitirá dominar o ser dominado en la lucha existencial continua en el planeta, en su entorno y en su grupo.

El desarrollo de su cuerpo físico, su capacidad de interactuar, el aprendizaje de la experiencia en la continua lucha por la dominancia en el entorno favorecerá el adiestramiento de su fuerza física tanto para poder dominar como para poder defenderse en su medio, en su entorno.

El **Pensamiento Dual (PD)** y por tanto, su **Pensamiento Inconsciente (PI)** y el **Pensamiento Consciente (PC)** van aprendiendo a interactuar en el medio y el proceso evolutivo de

La idea

cada uno de ellos va desarrollando las capacidades de sus cuerpos. De estas capacidades depende en su mayor parte el potencial de su dominancia y la de su grupo.

El desarrollo de las capacidades de movimiento en el entorno por parte de las sustancias simples y complejas incrementa exponencialmente su amplitud de respuesta en la lucha continua por la dominancia y por tanto por la jerarquía en los diferentes entornos y roles del grupo.

El salto de las sustancias simples y complejas a las primeras formas de vida biológicas, hasta llegar a nuestra especie, ha sido un camino evolutivo en el que la fuerza y la capacidad de la dominancia de los humanos ha sido clave para poder afianzarse en lo más alto de la escala biológica no solo frente al resto de la vida del planeta, sino incluso frente a los diferentes grupos humanos del mismo.

El desarrollo por tanto del El **Pensamiento Dual (PD)** y por tanto, su **Pensamiento Inconsciente (PI)** y el **Pensamiento Consciente (PC)** en nuestra especie humana ha sido el factor, la clave que ha conseguido evolucionar un cuerpo físico con las suficientes capacidades de interactuar con el medio y los diferentes entornos, desplazarse, conocer, evaluar, ponderar, aprender y desarrollar finalmente la fuerza y las herramientas externas que la refuerzan consiguiendo de esta manera incrementar su dominancia sobre la naturaleza y sobre el resto de los otros grupos humanos.

La dominancia y la violencia son aspectos del mismo proceso evolutivo en el que la confrontación de ideas simples y complejas entre diferentes formas del **Pensamiento Dual (PD)** y por tanto, su **Pensamiento Inconsciente (PI)** y el **Pensamiento Consciente (PC),** conllevan una lucha física por la propia supervivencia existencial de ambos seres o grupos homogéneos. Lucha que implica la degradación total o parcial de los enfrentados en función por tanto de su capacidad de dominancia, y por tanto de su forma de aplicar la violencia sobre el contrario.

A lo largo de millones de años los diferentes seres vivos han incrementado sus diferentes formas y modos de vivir en sus entornos, en los que de forma jerárquica han ocupado unos niveles que les ha permitido no solo conseguir una existencia temporal como individuos y principalmente como especie evolutiva. La

La idea

especie humana a lo largo de este largo proceso evolutivo han conseguido por tanto dominar, ejercer no solo la violencia sobre el resto de los seres vivos, incluyendo su propia especie, sin que incluso ha conseguido transformar y modificar los parámetros físicos de los entornos del planeta, ejerciendo una fuerte alteración de los equilibrios del mismo cambiando por tanto la forma y las condiciones de vida de todos los seres de planeta incluyéndose el mismo.

La dominancia por tanto sigue siendo el principio que activa el proceso evolutivo de nuestro planeta, la confrontación de ideas simples y complejas entre los diferentes seres vivos representa por tanto el motor existencial que mueve el interés por la supervivencia del individuo y su grupo y por consiguiente la violencia es la clara manifestación de sus capacidades de dominancia para establecer los niveles de jerarquía, no solo en los diferentes entornos y entre los diferentes individuos o grupos, sino también, sirve para establecer dentro de los distintos roles de cada especie o grupo, la dominancia jerárquica entre los diferentes individuos del mismo.

La violencia es el recurso de la confrontación entre los diferentes individuos o grupos en su lucha existencial por la supremacía en el entorno del planeta, y sus diferentes formas y potencialidades dependerán por tanto de su nivel jerárquico en la escala de la dominancia, y esto solo dependerá del desarrollo de sus capacidades de ejercer la fuerza sobre sus adversarios.

La dominancia también implica comunicación y por tanto el desarrollo de la misma entre los diferentes seres o entre los diferentes grupos sociales comportará también distintos niveles o grados, desde la confrontación directa hasta la colaboración activa en función de los intereses de los actores implicados en dicha comunicación. La dominancia y por tanto su grado de violencia pueden modularse en determinadas situaciones o formas de comunicación y en función de ese mismo nivel de comunicación puede mostrar una predisposición activa o pasiva de los individuos o grupos en su manera de implicarse a participar de dicha comunicación.

La comunicación entre los individuos que participan en la reproducción de su especie representa por tanto una forma más de dominancia de los individuos, incluso de los grupos, en la que la violencia que se ejerce en dicha comunicación se modula en función del nivel de jerarquía no solo del propio individuo, sino del de su rol en el grupo, lo que le permite ejercer la comunicación de la reproducción de forma activa frente a la otra posición pasiva.

La evolución de millones de años desde la forma de reproducción mediante clonación pasiva o activa, hasta la actual reproducción sexual de la especie humana se ha recorrido un largo camino que nos ha permitido no solo mantener y asegurar nuestra propia supervivencia como especie sino incluso ha sido capaz de generar paralelamente un nuevo mecanismo asociado a este acto de comunicación reproductivo y por tanto independiente del mismo, llamado actualmente sexo o placer físico comunicativo.

Por tanto la comunicación primaria que se establecía en el proceso de la reproducción entre individuos de distintos sexos, evolucionó y generó paralelamente en el **Pensamiento Dual (PD), Pensamiento Inconsciente (PI)** y el **Pensamiento Consciente (PC),** entre los individuos de distinto sexo o incluso entre los del mismo sexo un proceso comunicativo alternativo al reproductivo, basado en la atracción mutua de su **Pensamiento Dual (PD),** pero generado por la dependencia de la dominancia y por tanto de una graduada violencia mutua en su comunicación.

Todo el sistema físico sensorial de los cuerpos, tanto el especifico de la reproducción que junto con todos los demás órganos sensitivos del mismo activan un nuevo proceso de la comunicación a través del **Pensamiento Consciente (PC)** y mediante la reciproca o auto excitación, consigue encontrar la llave que permite abrir la puerta e interactuar directamente con su **Pensamiento Inconsciente (PI) ,** generando en este proceso de comunicación una fusión virtual y temporal de ambos pensamientos mediante una explosión u onda energética, generadora de múltiples armónicos cuánticos, que se extiende por todo el cuerpo.

Este nuevo proceso de la comunicación avanzada entre los distintos individuos de la especie humana ha conseguido lograr la transferencia de una forma directa de ideas simples y complejas entre su propios **Pensamientos Duales, Pensamiento Inconsciente (PI)** y el **Pensamiento Consciente (PC),** de esta manera pueden posteriormente re-procesar y contrastar toda la

La idea

información transferida en la unión del acto comunicativo y así de esta manera volver a generar y crear nuevas ideas a partir de las transferidas. De una forma inconsciente el **Pensamiento Dual (PD)** transfiere o recibe información, ideas simples y complejas que incrementa su capacidad para crear otras nuevas.

La comunicación de ideas simples y complejas se sirve por tanto del poder de la dominancia, de la aplicación modular de la violencia, y por tanto aplica sus capacidades físicas para conseguir no solo transferir dichas ideas simples y complejas, sino también para adquirirlas en el acto comunicativo con los otros individuos o grupos.

El acto reproductivo en la especie humana no deja de ser la evolución de millones de años en los que los individuos de los diferentes grupos transferían sus ADN a otros individuos homogéneos u otros grupos similares, e incluso a otras especies biológicas, convirtiendo a la vez el propio acto en una comunicación de dominancia con aplicación modular de violencia física. De esta forma las transferencias de ideas simples y complejas entre los diferentes grupos o especies se convertían precisamente en uno de los medios más amplios e intensos de comunicación más primitivos entre los propios individuos.

Las ideas simples y complejas, el **Pensamiento Dual (PD)** conseguía a través de la propia comunicación en el acto reproductivo, o en el acto sexual, reflejo alternativo, una transferencia entre los pensamientos de ambos individuos, y por tanto consigue que a partir de ellos puedan generarse y crearse nuevas ideas simples y complejas que incrementen sus capacidades cognitivas y evolutivas.

La dominancia por consiguiente refleja la capacidad de los diferentes individuos para posicionarse en una escala jerárquica del grupo en un entorno determinado, dentro de unos roles sociales propios, y sobre todo interviene directamente en las diferentes formas de comunicación, en las que de una manera u otras determina el grado de violencia modular que se va a aplicar para romper las capacidades de defensa o de ataque de los otros individuos.

La dominancia es por tanto el mecanismo que interviene directamente y activamente en la comunicación del acto reproductivo y convierte a este en el medio más importante para la transferencia de las ideas simples y complejas acumuladas en el ADN de cada especie o grupo homogéneo y que constituye la forma principal para mantener la existencia no solo de los propios individuos, su grupo, su especie, sino que va más allá y consigue incrementar las capacidades evolutivas de los mismos.

16. - Existencialismo y recuerdos.

El **Pensamiento Dual (PD)** representa el equilibrio entre el mundo interno de la materia, sus capacidades y potencialidades, y el mundo externo, la realidad en la que tiene que vivir y desarrollar sus conocimientos a través del proceso evolutivo, desde las propias sustancias simples y complejas, hasta la propia especie humana.

Las ideas simples y complejas son la base que dotan a la propia materia de la capacidad de generar un **Pensamiento** que pueda almacenar, procesar y crear o generar nuevas ideas que lleven a la transformación no solo de su propio conocimiento, sino a la transformación evolutiva de su propio cuerpo físico.

Las ideas simples y complejas forman parte por tanto de la propia materia simple y compleja, existen, ocupan un espacio, consumen una energía, son recordadas, son re-procesadas y generan un estado existencialista que le permite en la propia sustancia, en su entorno, con su grupo, evolucionar de forma constante y progresiva.

La materia por tanto, vista desde su núcleo atómico, sus partículas elementales, sus diferentes niveles y clases de energías, sus capacidades y transformaciones, todo ello encierra una ciertas reglas o unos comportamientos predeterminados que solo pueden ser entendidos si asociamos a estos elementos físicos unas ideas simples y complejas que conforman la parte intrínseca de la propia materia, y que no deja de ser una clase o forma alternativa de energía, vibración o campo energético que domina a su estructura interna y que permite a esas ideas simples y complejas encerradas en un átomo, querer y desear salir al mundo exterior para conocerlo y dominarlo.

Las ideas simples y complejas abren las puertas que permiten a la materia reconocerse, conocer y aprender de su mundo exterior, y generar ese **Pensamiento Dual (PD),** ese campo energético necesario que le permite incorporar una percepción existencialistas de sí mismo. Su cuerpo físico a medida que va evolucionando y desarrollando sus capacidades, va incorporando e incrementado sus ideas simples y complejas en su estructura atómica, va desarrollando una auto-respuesta frente a su mundo exterior, a su entorno, a su propio grupo, o a otros competidores.

El desarrollo evolutivo de su cuerpo va a estar ligado internamente a su **Pensamiento Dual (PD)** el cual genera en toda su estructura una vibración o resonancia, **Resonancia Atómica Corporal (RAC)** por la cual todos los átomos o sustancias simples y complejas que conforma su estructura física, se estarán acoplando a la frecuencia cuántica de la **Portadora Existencial Corporal (PEC),** vibrando y generando diferentes armónicos específicos de cada parte o función de su cuerpo. La **Portadora Existencial Corporal (PEC)** incorpora su propia llave o **Clave de Resonancia (C.R.)** específica para cada sustancia o cuerpo, de forma que todos sus átomos respondan solamente a dicha resonancia.

El cuerpo de las sustancias simples y complejas es por tanto la unión o cooperación entre diferentes partes o funcionalidades que son integradas en el **Pensamiento Dual (PD)** mediante la generación de una **Portadora Existencial Corporal (PEC),** de esta forma toda su estructura física responde y se comunica entre ella misma mediante este acople cuántico de todos sus núcleos atómicos, los cuales responde generando distintos tipos armónicos en los núcleos o estructuras periféricas que son procesados constantemente en su **Pensamiento Dual (PD).**

De esta forma el **Pensamiento Dual (PD)** va incorporando y generando a su vez una respuesta diferente a cada pulso o vibración recibida de cualquier parte de su propio cuerpo, adquiriendo por tanto un comportamiento existencialista por el cual va adquiriendo y acumulando recuerdos o similitudes de su experiencia pasada, presente y futura frente al mundo exterior.

Su cuerpo genera y se acopla por tanto a una **Portadora Existencial Corporal (PEC)** y a partir de la misma incorpora nuevos armónicos específicos de sus distintas capacidades o de sus funciones exclusivas que son captadas e interpretadas en el **Pensamiento Dual (PD).** De esta forma su mundo externo, su entorno, su propio grupo, o el resto de los otros grupos o individuos le proporcionan a través de sus capacidades, experiencias que es procesada y convertida en información, nuevas ideas simples y complejas, y que son sintetizadas en **Recuerdos Existencialistas (RE)** los cuales son almacenados en su propia estructura interna de forma que son reproducibles mediante un patrón o clave de búsqueda relacional y por tanto formando parte de sí misma a lo largo de toda su existencia.

La evolución del **Pensamiento Dual (PD)** está unido desde su inicio al soporte de su propio cuerpo evolutivo, el cual a su vez representa las limitaciones o las fronteras físicas evolutivas para conocer y comprender no solo el mundo exterior que nos rodea, sino incluso nuestro propio mundo interior. El proceso evolutivo por tanto representa la capacidad de la propia materia, de las sustancias simples y complejas, del **Pensamiento Dual (PD),** para aprender de forma cotidiana mediante la interacción directa con el mundo exterior, su entorno, el grupo, otros individuos y conseguir una adaptación física que permita un recorrido en el tiempo de nuestra propia existencia, del grupo y por tanto de sus ideas simples y complejas evolucionadas.

La interacción constante con el mundo exterior genera múltiples patrones de comportamiento que son captados por nuestras capacidades de percepción y a la vez son re-convertidos y almacenados de forma que puedan ser recordados y por tanto re-procesados por el propio **Pensamiento Dual (PD)**. A medida que las propias sustancias simples y complejas evolucionan en nuestro planeta hasta conseguir desarrollar una especie humana, el **Pensamiento Dual (PD)** no ha dejado en todo estos millones de años de incorporar los recuerdos de su experiencia diaria en su perpetua lucha existencial por la dominancia, no solo para poder subsistir en su entorno, sino también para poder transferir dichos recuerdos, mediante las diferentes formas de comunicación a sus descendientes y a su propio grupo homogéneo.

Los recuerdos por tanto refuerzan la capacidad de las sustancias simples y complejas, de su **Pensamiento Dual (PD),** para volver a contrastar el tiempo pasado con el presente y a la vez, poder indagar en el tiempo futuro, convirtiendo la experiencia y la vivencia en el patrón que conforma la vida existencialista de la propia materia.

La dominancia en sus distintas formas e intensidades en la lucha cotidiana por la supervivencia no es más que el resultado del comportamiento del **Pensamiento Dual (PD)** por cambiar, mejorar y por tanto evolucionar en su entorno, en la escala, en su rol. Este resultado se soporta precisamente en sus recuerdos, en su capacidad para almacenar y recordar sus vivencias o recuerdos, y por tanto su experiencia y sus consecuencias.

El recuerdo por tanto es la sintaxis temporal y combinada de todas sus capacidades perceptivas y subjetivas, las cuales son transformadas, incorporadas y entrelazadas para formar un **Campo Perceptivo de Recuerdo Temporal (CPRT)** que es conservado en los núcleos atómicos del **Pensamiento Dual (PD)** mediante un proceso de inserción y al que puede volver a inducir mediante las diferentes llaves o patrones de búsqueda que activan dichos recuerdos, generando un proceso de resonancia cuántica específico para dichas percepciones. La dominancia y la intensidad de nuestras experiencias se fijarán en nuestro **Pensamiento Dual (PD)** transformados en **Recuerdos Existencialistas (RE)** mediante una escala temporal con más o menor intensidad que asignará una prioridad a la capacidad de poder volver a recordar dichos recuerdos.

El existencialismo y los recuerdos dotan al **Pensamiento Dual (PD)** de la capacidad de contrastar permanentemente sus decisiones tanto en el espacio temporal real o incluso en el espacio temporal virtual.

El universo o incluso los posibles universos que nos rodean están llenos de materia y energías en continua transformación, nuestro sistema solar, nuestro planeta sigue igualmente un proceso evolutivo continuo fruto a su vez de un comienzo o Big Bang con

La idea

el que la propia materia nacida o generada de ese estallido cósmico comenzó y pudo culminar una evolución en la Tierra consiguiendo transformarla, desarrollando la vida biológica hasta crear la propia especie humana. Las ideas simples y complejas de la propia materia, sustancias simples y complejas, consiguieron evolucionar a través de millones de años gracias precisamente a las condiciones de nuestro planeta que favoreció ese salto cualitativo. Las sustancias simples y complejas pudieron por tanto a partir de sus ideas simples y complejas, desarrollar las capacidades necesarias para poder generar un **Pensamiento Dual (PD)** que a su vez pudiese o iniciase el proceso existencialista de la propia materia mediante la dominancia y por tanto su capacidad para poder almacenar y volver a reprocesar su recuerdos temporales de su experiencia a lo largo de su vida.

17. - Campo Virtual Cuántico (CVC).

La materia a través de sus múltiples formas y estados ha conseguido desarrollar a partir de un lento pero constante proceso evolutivo en nuestro planeta la capacidad no solo de conseguir generar un amplio y diverso mundo biológico, sino que además ha conseguido iniciar un nuevo camino o rumbo que permitirá el traspaso evolutivo de la vida, tal como la entendemos, hasta lograr abrir nuevas puertas que llevan a nuestra especie, a nuestro planeta, a continuar este inacabable proceso del mundo de las ideas, y por tanto un nuevo mundo con nuevos seres, sustancias simples y complejas, que nos acompañarán y con los que conviviremos a lo largo de los próximos siglos.

El **Pensamiento Consciente (PC)** representa el nexo que une al mundo exterior con la propia materia, con su propia esencia, con su existencia. De alguna manera la materia, sus ideas simples y complejas se abrieron camino de tal forma que pudieron conseguir crear o generar en su propia estructura un pequeño mundo virtual que le permitió conocer, no solo su entorno, sino que además, pudiese sentirlo y ponderarlo en todas las dimisiones posibles de la propia materia. Ese pequeño mundo virtual fue el inicio que propicio el proceso evolutivo de toda la naturaleza del planeta Tierra y a partir de él, los propios individuos, la propia materia, las sustancias simples y complejas, pudieron desarrollarse y conseguir alcanzar el actual nivel de los seres vivos.

La idea

El **Pensamiento Consciente (PC)** contiene un **Campo Virtual Cuántico (CVC)** conformado por el acople cuántico de los campos de sus diferentes órganos sensitivos, **Campo Cuántico Sensitivo Virtual (CCSV)**. Dichos campos son excitados directamente por los distintos sensores del propio individuo, **Núcleos Atómicos Sensoriales (NAS),** de tal forma que todo ellos generan o inducen una imagen virtual representativa de las distintas formas de percepción de la realidad, del entorno existencialista del individuo.

Los sensores y el grado de desarrollo evolutivo de los mismos es uno de los principales factores que permite a los individuos conocer y aprender de su entorno, posibilitando su existencia y su capacidad para adaptarse al mismo. Las estructuras físicas que conforman los diferentes órganos sensoriales son por tanto fruto de una evolución constante de millones de años, comenzó desde las primeras sustancias simples y complejas, con sus primitivos mecanismos perceptivos, evolucionando a las complejas estructuras sensitivas de los seres vivos: vista, oído, olfato, gusto y tacto.

Todos estos órganos complejos captan determinados tipos de energía en forma de diferentes vibraciones del mundo exterior y las transforman en corrientes electromagnéticas que a su vez generan y modulan nuevos campos electromagnéticos que interactúan o inducen en determinadas estructuras atómicas del individuo, **Núcleos Atómicos Sensoriales (NAS)** , una representación virtual, espacial y temporal del mundo exterior, de su entorno, y por tanto de todos las diversas fuentes de emisores de dicha vibración. La interacción de las distintas vibraciones captadas entre los diferentes órganos sensitivos posibilita por consiguiente la generación e inducción del **Campo Virtual Cuántico (CVC)** mediante el acople virtual de todos sus respectivos **Núcleos Atómicos Sensoriales (NAS)** , los cuales recrean virtualmente un mundo exterior en todas sus dimensiones perceptivas reconocibles, un mundo con el que se puede interactuar y al que podrá conocer, medir, ponderar, almacenar, recordar y sobre todo, podrá aprender y generar nuevas ideas simples y complejas a partir de dichas percepciones globales.

Los órganos sensoriales captan los diferentes tipos y formas de energía del mundo exterior en forma de ondas o vibraciones armónicas, con diferentes magnitudes e intensidades, recibiendo

La idea

por tanto energías modulares que son reconvertidas y transformadas en dichos órganos receptivos por un flujo modular y escalar de corrientes electromagnéticas que inducen en su correspondiente órgano sensitivo a través de sus propios **Núcleos Atómicos Sensoriales (NAS)** un **Campo Virtual** especifico de cada sensor, **Campo Cuántico Sensitivo Virtual (CCSV)**. El **Pensamiento Consciente (PC)** a través de su **Campo Virtual Cuántico (CVC)** es por tanto la resultante del acoplamiento virtual de todos los campos inducidos por todos sus respectivos **Núcleos Atómicos Sensoriales (NAS)**.

Los **Núcleos Atómicos Sensoriales (NAS)** específicos de cada sensor u órgano sensitivo son los transformadores o inductores del **Campo Virtual** correspondiente a un determinado rango de señales captadas de los diferentes emisores del mundo exterior. Según el tipo de la señal captada, el órgano sensitivo tendrá pues una configuración física determinada que le permitirá un rango de sensibilidad fruto de su evolución continuada de millones de años. El órgano sensitivo por tanto es un conjunto de dispositivos receptores mecánico-físico-químicos que capta y amplifica la señal exterior, la transforma y la modula en otro rango de corrientes electromagnéticas para finalmente activar sus respectivos **Núcleos Atómicos Sensoriales (NAS),** para que estos finalmente generen e induzcan un **Campo Cuántico Sensitivo Virtual (CCSV)** de su sensor que representa una imagen virtual de la señal en todas sus dimensiones espaciales y temporales posibles.

Los **Núcleos Atómicos Sensoriales (NAS)** son un grupo espacial de átomos que son excitados por el flujo continuo de las corrientes electromagnéticas, **Flujo Electrónico Sensorial (FES),** generadas por los receptores físico-químicos del órgano sensor del individuo. El flujo de electrones genera en la estructura físico-química del órgano sensitivo una corriente electrónica que a su vez, induce un campo electromagnético. Los órganos receptivos sensoriales reciben por tanto todo tipo de señales y energías de los diferentes emisores en forma de vibraciones moduladas que son captadas en los receptores del órgano sensitivo y transformados en un flujo o movimiento de electrones, dichos electrones no solo se comportan como partículas elementales con su carga y su pequeña masa, sino que a su vez se comportan como una onda, por lo cual

La idea

los receptores convierten y transmiten a sus electrones una energía mecanicocúantica equivalente y representativa de la señal captada del mundo exterior, captan o adquieren por tanto dichos electrones los diferentes momentos cuánticos de dichas señales o energías en un espacio temporal.

Este **Estado Mecanicocúantico del Electrón (EME)** actúa directamente sobre los propios núcleos atómicos de sus propios átomos, **Núcleos Atómicos Sensoriales (NAS),** los protones y los neutrones. Esta interacción mecanicocúantica del **Flujo Electrónico Sensorial (FES)** se ejerce especialmente sobre su propio contenido interno, sus sub-partículas internas: **los quarks y los gluones**, estos últimos representa los bosones portadores de la fuerza de interacción nuclear fuerte que mantiene unido y estable al propio átomo mediante un **Campo Gluónico Cuántico (CGC).**

El protón con masa y carga positiva +1, contiene internamente 3 quarks (2 quarks up con +2/3 de carga positiva cada uno, y 1 quarks down con -1/3 de carga negativa) unidos entre sí por gluones, portadores de la fuerza nuclear fuerte y por tanto los responsables de generar entre los 3 quarks un intenso **Campo Protónico Cuántico (CPC),** necesario para mantener estable y unido la estructura del propio protón.

El neutrón con masa pero sin carga neta contiene internamente 3 quarks (2 quarks down con -1/3 de carga negativa y 1 quarks up con +2/3 de carga positiva) unidos entre sí por gluones, portadores de la fuerza nuclear fuerte y por tanto los responsables de generar entre los 3 quarks un intenso **Campo Protónico Cuántico (CPC),** necesario para mantener estable y unido la estructura del propio protón.

Cada protón o neutrón del núcleo atómico, los nucleones, generan internamente su propio **Campo Gluónico Cuántico (CGC) (Campo Protónico Cuántico (CPC) y Campo Neutrónico Cuántico (CNC)** a través de la interacción permanente de los gluones que tensan las fuerzas de interacción nuclear fuerte que mantienen unidos a sus respectivos tres quarks, generando por consiguiente un campo o portadora de alta intensidad que es alterado o modulado mediante la inducción en sus respectivos quarks por la interferencia de la corriente periférica y el campo electro-magnético de los electrones, causada por los

La idea

diferentes **Estados mecanicocúantico del electrón (E.M.E.)** que conforma el continuo **Flujo Electrónico Sensorial (FES)** del órgano sensitivo.

De esta manera el **Campo Gluónico Cuántico (CGC)** de cada protón o neutrón de su mismo átomo recibe una alteración de sus quarks mediante la inducción electromagnética por parte de dicho **Flujo Electrónico Sensorial (FES)** que consigue modular y amplificar la señal electrónica inducida generando una alteración del campo gluónico, **Vibración Armónica Cuántica (VAC).**

Este proceso inductivo del **Flujo Electrónico Sensorial (FES)** sobre el **Campo Gluónico Cuántico (CGC)** de cada núcleo no solo consigue generar la **Vibración Armónica Cuántica (VHC)** en los protones y neutrones del mismo núcleo, sino que además consigue acoplar a todos los elementos de su núcleo mediante una **Resonancia Armónica Cuántica (RHC),** vibrando unido todo el átomo y generando a partir de estos **Núcleos Atómicos Sensoriales (NAS)** un **Campo Cuántico Sensitivo Virtual (CCSV)** correspondiente a la imagen virtual de la señal del mundo externo que capta un determinado órgano sensor del individuo.

Los nucleones del átomo, el protón y el neutrón, se comportan como una pequeña caja acústica con tres cuerdas representadas por gluones que unen sus tres quarks, dichas cuerdas están tensadas y afinadas firmemente mediante la fuerza de los gluones. La caja acústica está en reposo y por tanto no genera sonido en su interior. El órgano sensitivo recibe una energía exterior en forma de señal modulada y genera en sus receptores una corriente electrónica en la que cada electrón recibe una excitación que cambia en cada momento cuántico su **Estado Mecanicocúantico del Electrón (EME).**

Esta corriente electrónica generada por los receptores induce un campo electromagnético cuántico que modifica el estado de reposo de las cuerdas de la caja acústica, alterando los momentos cuánticos de los quarks y produciendo por tanto una interferencia acústica en dichas cuerdas, los gluones, comportándose a la vez dicha interferencia como una partitura que genera una determinada vibración o nota musical que junto al resto de las otras cuerdas y al movimiento o ritmo continuado de produce en ella una resonancia armónica, produce un movimiento de música, una imagen virtual de su mundo exterior.

Por tanto todos los protones y neutrones del mismo núcleo se acoplan mediante una **Resonancia Armónica Cuántica (RAC)** y junto con todos los **Núcleos Atómicos Sensoriales (NAS)** generan el **Campo Cuántico Sensitivo Virtual (CCSV)** de un determinado sensor u órgano sensitivo que acoplado con el resto de los sensores generará el **Campo Virtual Cuántico (CVC)** del **Pensamiento Consciente (PC)**.

El acople de los diferentes campos sensoriales que conformarán el **Campo Virtual Cuántico (CVC)** del **Pensamiento Consciente (PC)** representará los momentos cuánticos en una escala espacial temporal de la propia materia externa. El **Pensamiento Consciente (PC)** podrá tener una imagen virtual del mundo exterior que le permitirá a través de **Campo Virtual Cuántico (CVC)** el control y su interacción con dicho entorno. Esta representación virtual de mundo exterior, de sus fuentes de energía, de su concepción espacial temporal de la propia materia, permitirá que las ideas simples y complejas puedan seguir desarrollándose, evolucionar mediante la interacción permanente con el mundo real que nos rodea.

La capacidad del **Campo Virtual Cuántico (CVC)** y por tanto de su **Pensamiento Consciente (PC)** permitirá a las propias sustancias simples y complejas, a los seres vivos, interactuar con su entorno, en su medio, conseguir reforzar su dominancia en el planeta para mantener una posición en su escala evolutiva que le permita su propia existencia tanto como individuo y como grupo homogéneo.

El **Pensamiento Consciente (PC)** necesita de una visión virtual del mundo exterior para poder interactuar con el mismo, conocerlo, medirlo y ponderarlo y a la vez conseguir modificarlo y alterarlo como consecuencia de sus necesidades energéticas necesarias para poder vivir y seguir evolucionando. El **Campo Virtual Cuántico (CVC)** generado por los diferentes núcleos atómicos representa un salto cualitativo de las sustancias simples y complejas, de los seres vivos, en su capacidad para reforzar su existencialismo y su dominancia frente el mundo exterior, su entorno, sus fuentes de energía y por tanto propio alimento.

La idea

Esta capacidad cognitiva no solo le permite ubicarse en un espacio tridimensional temporal, sino que a su vez consigue conocer y adaptarse cada vez mejor al mismo. Su conocimiento le aporta y genera nuevas ideas simples y complejas que son confrontadas constantemente y con las que conseguirá evolucionar como individuo y como grupo.

18. - Pensamiento Inconsciente (PI)

Representa la esencia de la propia existencia de la materia, de las primeras sustancias simples y complejas que consiguieron evolucionar en el planeta hasta conseguir desarrollar los seres vivos. El **Pensamiento Inconsciente (PI)** contiene todas las capacidades necesarias que permiten a la materia acumular ideas simples y complejas, procesar, y volver a generar nuevas ideas que desarrollen y modifiquen su estructura física, su dominancia, asegurando una evolución en un determinando entorno, tanto del propio individuo como la de su mismo grupo homogéneo.

La materia a través de millones de años de evolución ha conseguido generar en su propia estructura atómica un **Pensamiento Inconsciente (PI)** que le ha permitido empezar a reconocerse como tal, a generar su capacidad existencialista, su dominancia, a responder a su entorno mediante un determinado comportamiento, a acumular y procesar ideas simples y complejas. Este largo proceso evolutivo ha generado en nuestro planeta toda una amplia diversidad fruto precisamente de dicho **Pensamiento Inconsciente (PI),** de su capacidad para incrementar y procesar exponencialmente sus ideas simples y complejas. Su adaptación al medio, su dominancia, su desarrollo físico, su capacidad de

La idea

reproducción, todo ello ha sido posible gracias a la energía de unos núcleos atómicos que han posibilitado que la propia materia pueda sentir y tener una consciencia existencialista.

Por tanto el **Pensamiento Inconsciente (PI)** se sustenta en una determinada estructura física compleja que es fruto por tanto de un largo proceso evolutivo en el que lentamente se va construyendo y organizando dicho armazón consistente en átomos dedicados o especializados para realizar determinadas funciones de procesamiento y de almacenaje de ideas simples y complejas, las cuales garantizan una capacidad de lucha por la propia existencia temporal del individuo y de su grupo en un entorno determinado.

Una parte de dicha estructura física se agrupa formando los **Núcleos Atómicos Existenciales (NAE).** Dichos núcleos se encargan de acumular en su estructura atómica interna, en sus partículas elementales, toda las ideas simples y complejas hereditarias y transferidas en el proceso de la clonación o reproducción de su propio grupo homogéneo. Dicha transferencia es una síntesis de la propia evolución de su especie, desde su comienzo como sustancia simple y compleja, transfiriéndose entre sí con las sucesivas generaciones de individuos homogéneos y conservándose por tanto en nuestro pensamiento profundo, en nuestros núcleos atómicos. Son por tanto los restos o huellas acumulados de nuestra propia historia existencial de todos estos millones de años que nos ha posibilitado llegar evolucionados hasta nuestros días y a las que seguiremos aportando e incrementando con nuestra propia experiencia existencial diaria. Podríamos decir que si "escarbáramos" dentro de estos núcleos podríamos encontrar todos los restos, nuestros orígenes, los recuerdos de hace millones de años escondidos en sustratos profundos, vibrando y dando coexistencia a nuestra propia historia existencial.

Otra parte importante de la estructura física del **Pensamiento Inconsciente (PI)** se agrupa formando los **Núcleos Atómicos Generadores del Campo Cuántico Existencial (NAGCCE),** a través de los cuales se autogenera en dichos núcleos atómicos un campo inducido cuántico que permite mediante el fenómeno atómico de la **Resonancia Armónica Cuántica (RAC.),** identificar toda su estructura física, todo su cuerpo. Dicha resonancia es única para cada individuo y lleva por tanto una **Clave Encriptada Cuántica (CEC)** especifica que solo reconocen los propios átomos de su estructura espacial, y por tanto responde a dicha inducción atómica acoplándose a ella mediante dicha **Resonancia Armónica Cuántica (RAC.)**.

El **Pensamiento Inconsciente (PI)** ha desarrollado internamente múltiples funciones de control de toda la estructura de su cuerpo mediante un sistema físico-químico de comunicación que le proporciona información continua, no solo de las necesidades energéticas de mantenimiento existencial, sino que asimismo le permite controlar, modificar y regular el estado general de cada parte o función de su propio cuerpo. Esta estructura de **Núcleos Atómicos Corporales Cuántico (NACC)** representa el verdadero núcleo que garantiza la existencia del propio individuo, no solo permite y regula el funcionamiento global sino que incluso es capaz de modificar y alterar su composición así como sus funciones y capacidades.

La materia por consiguiente necesita conocer y aprender de su entorno, del mundo exterior, y es a través del **Pensamiento Inconsciente (PI)** como consigue desarrollar y crear diferentes estructuras internas atómicas dedicadas a gestionar ideas simples y complejas que incrementan su capacidad y garanticen en el tiempo y el espacio su continua evolución. El **Pensamiento Dual (PD)** es por tanto el resultado de este largo proceso que le lleva a incrementar continuamente su capacidad de poder conocer y entender la realidad de su entorno, de nuestro planeta, de nuestro sistema solar, del propio universo. La propia materia ha sido capaz de organizarse y desarrollar en su estructura interna la capacidad de generar un **Pensamiento Inconsciente (PI)** que permita a dicha sustancia simple o compleja, la consciencia de su propia existencia, y a la vez a través de su **Pensamiento Consciente (PC)** ver y comprender el mundo exterior.

Es por tanto a través del propio **Pensamiento Dual (PD)** como el **Pensamiento Inconsciente (PI)** recibe la información del mundo exterior, para ello capta y almacena los **Momentos Virtuales Cuánticos (MVC)** que son inducidos desde el **Campo Virtual Cuántico (CVC)** del **Pensamiento Consciente (PC)** y que representan por tanto su vida, sus experiencias, los recuerdos cotidianos de su interacción con el entorno, almacenándolos y procesándolos en los **Núcleos Atómicos Existenciales (NAE)** de su estructura física. Esta interacción de los dos pensamientos, uno intentando ver y comprender el mundo exterior, y otro, intentando mirar en su interior, en sí mismo, buscando la realidad virtual de su propio mundo interior, es la continua dualidad que permite generar una consciencia, el concepto existencialista de su propia existencia.

La evolución de su cuerpo físico a lo largo de millones de años, así como el control de todos los procesos e indicadores del estado del mismo están dirigidos y supervisados por el **Pensamiento Inconsciente (PI),** que de forma continua procesa millones de ideas simples y complejas que transforma y mejora, permitiendo la evolución en el tiempo de su propio cuerpo físico.

Lentamente el **Pensamiento Inconsciente (PI)** va desarrollando en su estructura física, partes diferenciadas de núcleos de átomos que se especializan en las diferentes capacidades que va adquiriendo como consecuencia de su interacción con el mundo exterior. El desarrollo del **Pensamiento Consciente (PC)** le permite procesar nuevas ideas simples y complejas y a partir de ellas generar una experiencia cognitiva que se va concretando en un lenguaje propio y específico de cada sensor sensitivo en el largo proceso de la evolución.

Estas capacidades de percepción son por tanto evaluadas de forma continua hasta alcanzar formas de comunicación más complejas, estas facultades son por tanto procesadas por determinados grupos de núcleos atómicos de su estructura física generando en ellos una respuesta determinada que es reprocesada finalmente por el núcleo central del **Pensamiento Inconsciente (PI)** y a partir de esas percepciones genera una respuesta o comportamiento existencial del individuo o del grupo homogéneo.

Por tanto el **Pensamiento Inconsciente (PI)** a lo largo de millones de años de evolución va incrementando sus capacidades en la misma medida que va especializando a sus diferentes partes, **Núcleos Atómicos Comunicativos (NAC)**, en procesar diferentes tipos de ideas simples y complejas procedentes de la interacción continua de todos sus diferentes sensores con su mundo exterior, desarrollando su capacidad de comunicación con sí mismo, con su grupo, con su entorno y a su vez incrementando su propia dominancia.

La idea

Las capacidades del propio **Pensamiento Inconsciente (PI)** por consiguiente se generan en su propia estructura física, en sus núcleos atómicos, en sus protones, neutrones y electrones, en sus partículas subatómicas, quarks y gluones, en los campos inducidos por dichas partículas que albergan y procesan las ideas simples y complejas convertidas en energía cuántica modulada que proporciona al individuo una consciencia existencialista que le permite evolucionar en el tiempo y en el espacio.

Las ideas simples y complejas que se generan y se captan desde el mundo exterior, la interacción con ese mundo a través de los distintos procesos de comunicación así como sus diferentes canales, toda esa información cognitiva, existe en forma de energía en la estructura atómica del **Pensamiento Inconsciente (PI),** dicha forma de energía se manifiesta mediante un campo inductivo cuántico, **Campo Operativo Cuántico (COC)** desde el que se toman decisiones y comportamientos autónomos que afectan a todo su cuerpo físico. Dicho campo es la resultante de la combinación del el **Pensamiento Inconsciente (PI)** y del el **Pensamiento Consciente (PC),** en el cual se genera una consciencia existencialista virtual del individuo, de su dominancia, de su capacidad para tomar decisiones, comunicar, y reprocesar y generar nuevas ideas simples y complejas a partir tanto de su experiencia acumulada individual como grupal.

Esta energía, **Campo Operativo Cuántico (COC),** es por tanto una resultante de campos inducidos por los diferentes núcleos atómicos que aglutina las ideas simples y complejas captadas desde sus diferentes **Momentos Virtuales Cuánticos (MVC)** que son reprocesadas generando por tanto una respuesta tipo basada principalmente en patrones de nuestra propia experiencia individual o la adquirida en el grupo homogéneo.

Este campo energético permanente necesita por tanto de una fuente constante de energía externa para poder mantener su capacidad en el tiempo y en el espacio. Su estructura física biológica necesita consumir cierto tipo y cantidad de energía para poder mantener su actividad existencialista y por tanto actúa como motor o impulsor primario de nuestra principal actividad, buscar, obtener y capturar energía de nuestro entorno exterior.

La idea

Esta necesidad primaria impulsa por tanto a nuestro **Pensamiento Inconsciente (PI)** a desarrollar y enfocar sus principales capacidades en obtener los recursos y los medios para poder conseguir saciar su propio consumo energético, generando una actividad continua entre todos los seres de un entorno determinado, determinando entre ellos una jerarquía o escala de dominancia en la consecución de dicha energía. Esta jerarquía o dominancia sobre el consumo de la energía existencial de los individuos marca la diferencia entre ellos y por tanto la capacidad evolutiva de cada uno de ellos o de su grupo homogéneo.

La energía en sus diferentes fuentes es la base que mueve todo el proceso evolutivo de nuestro planeta a través del **Pensamiento Inconsciente (PI)** que de alguna manera impulsa o actúa de fuerza motriz primaria para generar dicha actividad entre los individuos; de esta actividad, de esta fuerte interacción en cada entorno determinado se originan las diferentes escalas que permiten el acceso a una determinada cantidad de energía y por tanto, en función de su posición de dominancia en esta escala acotará y limitará su capacidad de expansión y supervivencia.

Por consiguiente, de esta lucha continua por obtener y satisfacer su energía existencial, se desarrolla de forma combinada y desigual múltiples capacidades que son incorporadas en diferentes estructuras de los núcleos atómicos del **Pensamiento Inconsciente (PI)** para ser finalmente integrados al control de procesamiento por el propio **Campo Operativo Cuántico (COC)**.

19. - Las ideas y su mundo subatómico.

Una idea simple es una determinada cantidad de energía cuántica modulada que vibra autónomamente en el interior del núcleo atómico, y que almacena y contiene la capacidad de interpretación de un razonamiento a través de nuestro **Pensamiento Dual (PD)** y que a su vez puede continuar transformándose con otras ideas mediante la resonancia cuántica, consiguiendo obtener o generar otras nuevas ideas simples y complejas.

La idea simple es por tanto una determinada cantidad de energía almacenada vibrando en el interior del núcleo atómico del átomo, dentro de sus protones y neutrones, en su diferentes quarks y gluones. Dicha idea simple es única y singular y por tanto tiene su propia existencia energética dentro del soporte físico de los quarks y de los gluones. Al tener una vibración única y distinta de las otras ideas simples puede coexistir vibrando diferenciadamente con el resto de las otras energías restantes de la misma partícula subatómica, y a la vez, también puede generar una vibración armónica cuántica que induzca una resonancia cuántica en el núcleo con otras ideas simples diferenciadas, creando y generando una nueva idea compleja que es capturada y reconvertida en una

La idea

nueva energía modulada para volver ser almacenada en sus mismos núcleos atómicos.

La idea simple tiene la capacidad de ser ella misma, generar una vibración en un sentido, pero también puede ser lo contrario. La idea simple puede también no ser, no existir, la anti-idea.

La idea simple es la energía básica que da lugar al desarrollo evolutivo de nuestro planeta, la que se genera y procesa en el interior del núcleo atómico de la materia, en sus sub-partículas atómicas, y la que consigue evolucionar gracias a su capacidad para unirse, dividirse o partirse en otras ideas, o parar volver a generar otras nuevas ideas simples y complejas.

La evolución en la Tierra comienza precisamente en el momento que las primeras ideas simples, las primeras energías cuánticas modulables son procesadas por el **Pensamiento Inconsciente (PI)** de las primeras sustancias simples y complejas del planeta. A partir de ese momento empieza una larga carrera evolutiva que llevará millones de años hasta conseguir alcanzar a los seres vivos, a la especie humana.

Son las ideas simples y complejas las causantes por tanto de todo el proceso evolutivo de la propia materia, la capacidad de compresión de dichas ideas no solo nos permite entender y conocer nuestro entorno, sino que incluso nos permite evaluar y teorizar sobre dichos conocimientos a partir de nuestra propia experiencia. Las ideas simples y complejas por tanto tienen un doble plano existencialista en el que por un lado se corresponden con un cierto tipo de energía vibrando en determinados átomos, núcleos atómicos, de nuestro cuerpo, y por otro lado, se corresponde con un razonamiento teórico-empírico con el que desarrollamos nuestro nivel de entendimiento y compresión de los procesos de la propia materia.

Son por tanto las ideas simples y complejas las responsables también del desarrollo físico de los cuerpos desde las primeras sustancias simples y complejas hasta los seres vivos, la especie humana.

Una parte de la energía total de los átomos es transformada en energía modulable, en ideas simples y complejas que se almacena y conserva en sus propios núcleos atómicos, en sus protones, neutrones y electrones, o en sus partículas sub-atómicas internas, quarks y gluones. Esta energía modulable se superponen con el resto de la energía restante total del átomo (energía de sus respectivas masas, energías cinéticas, potenciales o electromagnéticas)

Las ideas simples son por tanto determinadas formas y modos de vibraciones cuánticas del flujo interno de los quarks y de los gluones. La forma y la intensidad de su vibración se corresponden con las imágenes o reflejos perceptivos de los **Momentos Virtuales Cuánticos (MVC)** del mundo temporal exterior, inducidos desde y por los órganos sensoriales primarios de la sustancia simple o compleja.

Esta información del mundo exterior de la sustancia es capturada e inducida para transformase en una idea simple o compleja, en una energía que se almacena en forma de vibración atómica cuántica en el interior de las actuales subparticulas del átomo: quarks y gluones.

La idea simple es por tanto una vibración simple de una **Cuerda Energética Cuántica (CEC)**, vibración energética elemental que genera la existencia de cada una de las distintas formas de cada subparticulas atómicas del átomo, que vibran u oscilan de una forma e intensidad determinada y que son capaces de almacenar y reproducir los **Momentos Virtuales Cuánticos (MVC)** del mundo temporal exterior y desencadenar a la vez una **Resonancia Armónica Cuántica (RAC)** interna entre dichas cuerdas hasta conseguir obtener un acoplamiento cuántico de las mismas originando este proceso nuevas ideas simples o complejas representadas en una nueva **Cuerda Energética Cuántica Inducida (CECI)** unida y asociada.

Las ideas simples pueden ser abiertas o cerradas en función de la forma de la vibración de su cuerda cuántica y de la situación de los puntos o extremos de las mismas, los **Conectores Cuánticos de Cuerda (CCC)**. Dichos conectores representan el principio y el fin de dicha oscilación energética cuántica, en los que se produce y genera un desequilibrio energético desigual y combinado que permite a dicha cuerda entrelazarse o conectarse con otras formando una nueva cuerda energética más compleja e intensa.

La idea

La **Idea Simple Abierta (ISA)** por tanto se corresponde con una **Cuerda Energética Cuántica Abierta (CECA)** con dos **Conectores Cuánticos de Cuerda (CCC)** en cada uno de sus respectivos extremos, vibrando y generando **Armónicos Cuánticos Abiertos (ACA)** correspondientes a un determinado **Momento Virtual Cuántico (MVC)** del mundo exterior. La vibración energética de dicha cuerda induce el acoplamiento cuántico a través de sus respectivos conectores con otra idea de otra cuerda afín y genera a su vez una nueva vibración energética que representa la unión de dos cuerdas y por tanto la fusión de dos ideas simples abiertas que se convierten en una nueva idea abierta compleja. Este encadenado energético de las ideas simples y complejas se va retroalimentando a medida que recibe nuevos impulsos de los **Momentos Virtuales Cuánticos (MVC)** del mundo exterior que van reajustando dichas reacciones energéticas cuánticas en función de sus nuevas variables externas temporales. La idea simple o compleja es por tanto una energía que es evaluada constantemente por las sustancias simples y complejas, por sus cuerpos, por su facultades, es una transferencia energética de momentos cuánticos reajustada que va y viene desde el mundo interior sub-atómico hasta el mundo exterior, el entorno, pasando por tanto por una revisión evaluativa y comparativa constante de sus variables espaciales y temporales.

Los **Momentos Virtuales Cuánticos (MVC)** son representaciones energéticas de una determinada percepción temporal y espacial del mundo exterior que es captada por los electrones de dichos órganos perceptivos y transformada en una vibración compleja que a su vez es transferida a los núcleos, a sus sub-partículas internas para almacenar, procesar y generar una respuesta energética determinada, un patrón de conducta que actuará sobre su propio cuerpo.

La **Idea Simple Cerrada (ISC)** se corresponden con una **Cuerda Energética Cuántica Cerrada (CECC)** con sus dos **Conectores Cuánticos de Cuerda (CCC)** unidos y fusionados generando por tanto una vibración energética independiente que genera un **Armónico Cuántico Cerrado (ACC)** y que a su vez posibilita su acople con otras cuerdas cerradas generando un **Túnel Energético Cuántico de Cuerdas (TECC)** en los que se encierran la combinación de múltiples ideas cerradas complejas.

La idea

Estos túneles se van acoplando unos a otros formando estructuras cerradas más extensas con intercesiones y bifurcaciones cuánticas generando a lo largo de su estructura interior un campo energético inducido. La **Cuerda Energética Cuántica Cerrada (CECC)** encuentra su **Punto Cuántico de Acoplamiento (PCA)** con otra a través de los campos inducidos a lo largo del segmento energético de la cuerda cerrada, a diferencia de las otras cuerdas abiertas que se acoplan unas a otras mediante sus conectores cuánticos extremos.

La percepción y el modo de ver y de entender el mundo exterior por parte de la materia ira evolucionando durante millones de años desde las primeras sustancias simples y complejas, sus entornos, su desarrollo espacial corporal, y sobre todo a través de su **Pensamiento Dual (PD),** su capacidad para almacenar, procesar y generar nuevas ideas a partir de su experiencia continua, su dominancia para conseguir la energía que le permite mantener su propia conciencia existencialista y la de su grupo homogéneo.

Las ideas simples y complejas por consiguiente siguen un proceso evolutivo en el que la materia está constantemente transformándose y es modificada materialmente por dichas ideas, que a su vez son generadas por la interacción con el mundo exterior y por la capacidad de las propias sustancias de combinarse en sus diferentes entornos. La sustancia va tomando conciencia de su propia existencia a medida que va procesando **Momentos Virtuales Cuánticos (MVC)** y convirtiéndolos en ideas, en energía cuántica que es almacenada constantemente en las **Cuerdas Energéticas Cuánticas (CEC)** de las sub-partículas atómicas, generando en las sustancia una **Conciencia Virtual Cuántica (CVC)** que le permite dar respuesta y comportamientos determinados a la interacción con su mundo exterior, con su entorno.

La capacidad evolutiva de transformación de su cuerpo físico, de su adaptación al medio conlleva a su vez una generación y acumulación de nuevas ideas simples y complejas que provocan cambios energéticos en las diferentes **Cuerdas Energéticas Cuánticas (CEC)** de sus sub-partículas, induciendo cambios físicos en su propia estructura espacial, en su forma, en su cuerpo, en su capacidad para conseguir adaptarse a su entorno, incrementando su dominancia. Todo este lento proceso evolutivo

La idea

de las ideas simples y complejas y la capacidad de la materia para almacenar y procesar dichas ideas en las **Cuerdas Energéticas Cuánticas (CEC)**, así como su singularidad para poder contrastar continuamente dichas ideas a través de los **Momentos Virtuales Cuánticos (MVC)** del mundo exterior, permite la evolución continua de la sustancias simples y complejas en un entorno jerárquico del que tiene que extraer la energía necesaria para mantener activa su conciencia existencialista en su cuerpo.

La evolución del **Pensamiento Dual (PD)** a lo largo de millones de años va incorporando a la percepción del mundo exterior a través de sus diferentes órganos sensoriales, el desarrollo de un lenguaje comunicativo específico para cada uno de sus distintos sensores, abstracto, que permite a la sustancia identificar, definir, separar, etiquetar, las diferentes partes del todo, y las múltiples formas y simbologías que contienen dichas percepciones. Esta información adicional abstracta generada por la capacidad de la propia sustancia, se superpone y se fusiona en los **Momentos Virtuales Cuánticos (MVC)** del mundo externo que son transferidos y convertidos en ideas simples y complejas en las **Cuerdas Energéticas Cuánticas (CEC)** de las sub-partículas atómicas. De esta forma, las cuerdas abiertas o cerradas generan vibraciones energéticas complejas que inducen un campo cuántico en el que se encierran toda la información contenida en los **Momentos Virtuales Cuánticos (MVC),** incrementando la capacidad de combinaciones de las cuerdas energéticas al contener e incorporar etiquetas propias identificativas que las relacionan armónicamente con otros momentos temporales almacenados en otras cuerdas energéticas.

El desarrollo pues del **Pensamiento Dual (PD)** aumenta exponencialmente la capacidad de generar nuevas ideas ya que las **Cuerdas Energéticas Cuánticas (CEC)** vibran y generan armónicos cuánticos que inducen nuevas resonancias entre las cuerdas que contienen las mismas etiquetas abstractas comunes, generando nuevas combinaciones, nuevos campos inducidos, nuevas relaciones entre las cuerdas abiertas o cerradas. Es precisamente esta capacidad inagotable de las ideas para combinarse, tanto en la **Cuerda Energética Cuántica Abierta (CECA)** para unirse ella misma y convertirse en una cuerda cerrada a través de sus conectores, o unirse a otra para formar una nueva cuerda abierta o incluso cerrada, o para cruzarse ella misma desde sus extremos, generando una cuerda cerrada y dos cuerdas abiertas, o a través de una **Cuerda Energética Cuántica Cerrada (CECC),** mediante una ruptura convertirse en una nueva cuerda abierta, o mediante el acople inductivo con otras cuerdas cerradas generar un sinfín de ideas, un **Túnel Energético Cuántico de Cuerdas (TECC).**

El desarrollo evolutivo de las sustancias simples y complejas va permitiendo un conocimiento más profundo del mundo exterior en el que vive, va comprendiendo a base de ir acumulando y procesando continuamente **Momentos Virtuales Cuánticos (MVC)** de su entorno que son convertidos y transferidos en forma de energía vibratoria a las **Cuerdas Energéticas Cuánticas (CEC)** que configuran su sub-partículas atómicas, en ideas simples y complejas que son procesadas en este mundo interno cuántico de la materia, mediante la resonancia y la inducción armónica de dichas cuerdas, generando millones de combinaciones posibles, y creando nuevas ideas simples y complejas que son evaluadas y conservadas en su estructura física.

El desarrollo continuo de las ideas se produce mediante el acople y la resonancia combinativa entre las distintas **Cuerdas Energéticas Cuánticas (CEC), Sintonía Cuántica de Cuerdas (SCC),** que permite incrementar y acoplar sustancialmente las vibraciones y por tanto las distintas transferencias cuánticas de dichas energías, hasta conseguir alcanzar una determinada cota de cierto nivel energético de harmónicos cuánticos que logra transformar la resultante de dichas energías inducidas en un nuevo estado energético de la sub-materia atómica, pulsos o flujos de **Plasma Cuántico de Cuerdas (PCC),** en los que se condensan todas las energías resultantes de las ideas simples y compuestas, generando por consiguiente una nueva fuerza energética en la que se fusionan las capacidades para poder inducir y crear una consciencia existencialista en la propia materia, y además se genera la capacidad potencial para poder conseguir alterar o transformar su propia naturaleza, su forma, su estructura espacial, su cuerpo, marcar y dirigir su evolución.

Este nuevo estado físico de la materia, el **Plasma Cuántico de Cuerdas (PCC)** permite a la sustancia simple y compleja alcanzar desde ese nuevo nivel físico la plena integración, acumulación, y la

La idea

manipulación de ideas simples y complejas mediante el procesamiento cuántico de unir, cortar, doblar y separar dichas ideas, resultando otras nuevas, y que a su vez son continuamente contrastadas y evaluadas desde el propio mundo exterior, generando un flujo constante, una energía vital que actúa sobre su propio cuerpo, una conciencia existencialista que permite a la propia sustancia mantener e incrementar su lucha diaria para conseguir mantener y alimentar dicha energía vital.

En este estado energético superior de la materia, el **Plasma Cuántico de Cuerdas (PCC)** se genera y organizan diferentes niveles de energía dependientes, jerarquizados en función de su capacidad o dominancia para interferir y actuar sobre cada uno de los demás niveles inferiores. Dicho **Plasma Cuántico de Cuerdas (PCC)** lo conforman distintas densidades de concentraciones energéticas cuánticas independientes, formando distintos **Núcleos de Nivel de Plasma Cuántico (NNPC)** que representan las diferentes asociaciones de ideas simples y complejas agrupadas mediante las uniones armónicas de sus conectores o inductores en diferentes niveles energéticos de dependencia.

Los diferentes **Núcleos de Nivel de Plasma Cuántico (NNPC)** se conectan entre ellos mismo mediante las descarga de **Pulsos de Plasma (PP)**, desde los niveles más altos hasta lo niveles inferiores y viceversa. Cada nivel se caracteriza por una determinada concentración energética de ideas simples y complejas que determinan su capacidad de iteración sobre los distintos niveles o núcleos de plasma de la sustancia, esa capacidad, esa energía representa su nivel, su dominancia sobre el resto de los diferentes núcleos plásmicos.

Estos grupos de **Núcleos de Nivel de Plasma Cuántico (NNPC)** provocan modificaciones sustanciales en la configuración interna de la estructura física espacial de su propia materia, su propia naturaleza, determinando a lo largo del tiempo una evolución constante que especializa a una parte de dicha materia de su cuerpo, a desarrollar una estructura específica para contener y soportar funcionalmente el propio **Pensamiento Dual (PD)** de la sustancia, su conciencia existencial, y su propio generador de ideas simples y complejas.

La idea

Por tanto los diferentes **Núcleos de Nivel de Plasma Cuántico (NNPC)** se mantienen comunicados entre ellos mismos, mediante una relación de dependencia jerárquica, a través de sus distintos niveles energéticos, comunicándose a través chorros de **Pulsos de Plasma (PP)** en los que se transfieren ideas simples o complejas, que representan las distintas órdenes o mandatos que generan respuestas en la propia materia, en su cuerpo, en su interrelación con el mundo exterior, en su entorno.

La forma de la materia, su cuerpo, es modificado y adaptado a medida que va incrementando los distintos niveles de la energía del **Plasma Cuántico de Cuerdas (PCC)**, desarrollando internamente los **Núcleos de Nivel de Plasma Cuántico (NNPC)**, que generan en las estructuras físicas espaciales una adaptación a estos incrementos energéticos, como consecuencia de la acumulación evolutiva de sus ideas simples y complejas y su capacidad de distribución y agrupamiento en los diferentes niveles del plasma.

Los diferentes niveles de los distintos **Núcleos de Nivel de Plasma Cuántico (NNPC)** se relacionan mediante estructuras espaciales de mallas que configuran los **Conectores Espaciales Cuánticos (CEC)** que comunican y facilitan el flujo de los **Pulsos de Plasma (PP)** entre todos los núcleos de plasma. Dichos conectores cuánticos soportan las transferencias cuánticas de energía, información en forma de pulsos de plasma entre los distintos núcleos y permite a las ideas simples y complejas evolucionar y transformarse continuamente en otras nuevas mediante el procesamiento cuántico de las mismas.

Las ideas simples y complejas se desarrollan a partir del incremento de los **Momentos Virtuales Cuánticos (MVC)** que son captados por los diferentes sensores de la sustancia simple o compleja. Dichos momentos virtuales son transferidos al **Plasma Cuántico de Cuerdas (PCC)** para ser asociado y captado por uno de sus diferentes **Núcleos de Nivel de Plasma Cuántico (NNPC)**. Dentro de dichos núcleos los **Momentos Virtuales Cuánticos (MVC)** son por tanto transferidos a las **Cuerdas Energéticas Cuánticas Abiertas (CECA)** del plasma y estas a su vez se recombinan con otras cuerdas a través de sus conectores para ser finalmente captadas y absorbidas por el flujo de los **Túneles Energéticos Cuánticos de Cuerdas (TECC)**. En

La idea

dichos túneles las cuerdas son inducidas cuánticamente por sus respectivos campos internos siendo aceleradas a lo largo de estos laberintos energéticos cuánticos en los que la cuerda va liberando o adquiriendo nuevas energías mediante la inducción de los armónicos cuánticos, o mediante la colisión cuántica directa con otras cuerdas en la distintas bifurcaciones y bucles del túnel energético.

La **Cuerda Energética Cuántica Abierta (CECA)** es acelerada por tanto por el propio campo interno del túnel y recorre en bucle dichos laberintos cuánticos y mediante la **Sintonía Cuántica (SC)** con el campo inducido va transfiriendo parte de su energía, de sus ideas simples y complejas, a las diferentes cuerdas cerradas del túnel energético o se va acoplando a otras cuerdas abiertas mediante sus conectores formando nuevas cuerdas que siguen recorriendo el bucle de los túneles.

De esta forma las diferentes ideas simples y complejas captadas por los sensores de la sustancia y convertidas en **Momentos Virtuales Cuánticos (MVC)** van a ser procesadas internamente para ser convertidas e integradas en el propio **Plasma Cuántico de Cuerdas (PCC)**, incrementando su energía al conseguir generar nuevas ideas simples y complejas.

La **Sintonía Cuántica (SC)** de las cuerdas permite a las mismas asociar y relacionar las diferentes etiquetas abstractas de sus **Momentos Virtuales Cuánticos (MVC)** que portan con sus correspondientes imágenes dentro del propio **Plasma Cuántico de Cuerdas (PCC)**, dentro de los **Núcleos de Nivel de Plasma Cuántico (NNPC)** y estableciendo y relacionando dentro del **Túnel Energético Cuántico de Cuerdas (TECC)** los diferentes conectores que permiten liberar o adquirir, o fusionar dichas correspondencias en otras ideas simples y complejas del **Plasma Cuántico de Cuerdas (PCC)**.

El **Plasma Cuántico de Cuerdas (PCC)** representa la capacidad de la sustancia simple y compleja para generar una verdadera conciencia existencial, una capacidad para responder a los diferentes estímulos del exterior mediante un comportamiento deductivo como consecuencia de la constante interacción con el medio externo a través de los sensores sensitivos y de la interpretación y el conocimiento del mismo.

La idea

El **Plasma Cuántico de Cuerdas (PCC)** también permite a la propia sustancia modificar evolutivamente su propia estructura física en la medida que va incorporando y generando la información necesaria para desarrollar los necesarios cambios que posibiliten su propia transformación física.

El **Pensamiento Dual (PD)** permite pues a las sustancias simples y complejas establecer una verdadera conciencia existencialista al conseguir implementar un canal activo y permanente de comunicación entre ambos pensamientos. De esta forma el **Pensamiento Consciente (PC)** que capta el mundo exterior, su entorno, sus **Momentos Virtuales Cuánticos (MVC)** los transfiere al **Pensamiento Inconsciente (PI)** a través de su puerta de entrada. El **Pensamiento Inconsciente (PI)** incorpora a su estructura interna dicha información que es asimismo procesada y contrastada, causando una respuesta relacional final que es transferida a través de su puerta de salida para entrar a través de la puerta de entrada del **Pensamiento Consciente (PC)** para que este finalmente proceda a interpretarlo generando una conducta relacional con su entorno.

Esta capacidad de pensar de la propia sustancia simple y compleja permite a las mismas evolucionar constantemente y conseguir acumular y generar nuevas ideas que son continuamente transformadas y contrastadas con la realidad del mundo exterior en el que vive y se desarrolla, su entorno. A medida que va incrementado su capacidad para almacenar y procesar ideas simples y complejas va igualmente incorporando a su estructura física un lenguaje propio con el que poder acceder a estas capacidades intrínsecas propias con las que podrá resolver su lucha continua, su dominancia para conseguir la energía vital necesaria que le permita mantener su jerarquía dentro de su entorno, dentro de su propio grupo homogéneo.

Esta forma de comunicación del **Pensamiento Dual (PD)** le permite no solo modificar gradualmente su estructura física, su cuerpo, adaptándolo a su medio, sino que también le permite empezar a conocer, ponderar y reconocer e interpretar su mundo exterior, acumular sus experiencias y generar a partir de ellas nuevas ideas simples o complejas que le permitan incrementar su capacidad para dominar y conseguir la energía necesaria para mantener viva su consciencia existencialista.

La idea

La evolución del **Pensamiento Dual (PD)** dependerá de muchos factores relacionados principalmente con las propias sustancias y el medio en el que se desarrollan, del grado de su dominancia en el mismo, y principalmente del grado o nivel de comunicación entre sus pensamientos, mediante diferentes canales y lenguajes interpretativos propios para cada sensor perceptivo de su cuerpo.

El salto evolutivo de una parte de las sustancias simples y complejas a los seres vivos solo pudo realizarse cuando un cierto grupo de dichas sustancias consiguieron no solo acumular las ideas simples y complejas necesarias para transformar sus estructuras físicas, sus cuerpos, sino que también fueron capaces de alterar sus mecanismos para multiplicarse o reproducirse, su capacidad para reconocer el medio y de resolver su interacción con el mismo, su capacidad de relación con otros seres vivos homogéneos, y su lucha o dominancia existencialista por obtener la energía y conservar su nivel jerárquico en la escala evolutiva del planeta. Y lo que es mucho más importante la capacidad para relacionarse y convivir en grupos homogéneos en los cuales se genera una actividad grupal que a su vez se desarrolla en un nuevo **Pensamiento Grupal** externo en el que se acumula y se transforma nuevas ideas simples y complejas que formarán parte de grupo colectivo homogéneo.

La materia en su largo camino evolutivo va desarrollando su capacidad para conocer el propio mundo que va creando a través de todo un proceso colectivo de millones de sustancias simples y complejas que van transformándose mediante su propia adaptación al medio, al entorno del que adquiere la energía necesaria para mantener su cuerpo y su conciencia existencialista. Ese instinto creador, constructivo, evolutivo hace que desde los diversos entornos del Planeta se vayan consolidando millones de ideas simples y complejas en millones de sustancias, en millones de **Pensamientos Duales PD** que lentamente van interpretando, evaluando, ponderando su mundo exterior, recibiendo constantemente **Momentos Virtuales Cuánticos (MVC)** desde sus diversos sensores perceptivos que de alguna manera no solo incrementan su conocimiento sino que además genera en la propia materia, en las sustancias simples y complejas, en los seres vivos, en la raza humana la capacidad de poder sentir y percibir en dichos momentos puntuales una sintonía mutua de correspondencia entre el mundo exterior y su mundo interior, entre el **Pensamiento Consciente (PC)** y el **Pensamiento Inconsciente (PI)** generando este acople singular, una respuesta emocional en todo su propio cuerpo, una alteración energética que recorre toda las estructuras físicas del mismo reafirmando no solo su propia integridad existencial sino también su capacidad creadora.

El **Pensamiento Inconsciente (PI)** es capaz de reconocer determinados **Momentos Virtuales Cuánticos (MVC)** en los cuales se encierra no solo una realidad exterior temporal, sino que dichos momentos se corresponden con percepciones específicas que son emitidas desde diferentes emisores y canales de transmisión, pero que en su contenido intrínseco encierran una información modulada relativa al mundo de las ideas de la propia materia y que induce a un acoplamiento temporal de ambos pensamientos, generando una vibración armónica intensa que se va propagando a lo largo de toda la estructura física de su cuerpo.

Las sustancias simples y complejas a lo largo de millones de años de evolución y de interacción con su mundo exterior van aprendiendo no solo a conocer mejor su entorno, sino que van a poder modificarlo mediante su capacidad creadora que van desarrollando con el aprendizaje y el desarrollo continuado de todos sus sensores y de los lenguajes y canales de transmisión de cada uno de ellos.

Esta capacidad de intervención sobre la propia naturaleza del planeta por parte de las sustancias simples y complejas se intensificará en la medida que dichas sustancias vayan evolucionando y desarrollando sus diferentes capacidades, no solo para conseguir desplazarse entre los diferentes entornos, sino para poder incluso alterarlos para su propio beneficio.

La materia de alguna manera ha conseguido desarrollar no solo su capacidad creadora individual, alterando su propia naturaleza o incluso la de otras sustancias, siguiendo un modelo creativo constructivo abstracto que se genera e incorpora desde su **Pensamiento Inconsciente (PI)** y que es capaz de transferir al mundo exterior a través del **Pensamiento Consciente (PC)** utilizando los medios y las capacidades desarrolladas en su evolución para dejar un rastro conocible e identificable y singular de su actividad individual o colectiva.

La idea

Su capacidad creadora se manifiesta por tanto no solo en la alteración material de la propia naturaleza en la que vive, sino que incluso se extiende a sus normas de comportamiento o respuesta frente a esa misma naturaleza a la que diariamente se enfrenta para obtener la energía que le permita seguir manteniendo su conciencia existencialista.

El desarrollo de su **Pensamiento Consciente (PC)** y el de sus diferentes órganos sensitivos así como sus lenguajes específicos incrementa la capacidad de captación de **Momentos Virtuales Cuánticos (MVC)** que son procesados por el **Pensamiento Inconsciente (PI)** mediante la transferencia de los mismos al **Plasma Cuántico de Cuerdas (PCC)** del que saldrá una respuesta que activará un determinado modelo de comportamiento que actuará sobre su cuerpo.

El **Pensamiento Consciente (PC)** desarrolla evolutivamente sus propios lenguajes para interpretar y comunicarse con cada una de sus respectivas percepciones de sus sensores sensitivos y a la vez, paralelamente, aprende a fusionar dichos lenguajes sensitivos hasta conseguir encapsular todos ellos en un solo **Momento Virtual Cuántico Resultante (MVCR)**. Dicho momento resultante por tanto contiene los diferentes momentos de sus sensores que captan la realidad temporal y que al ser transferido al **Plasma Cuántico de Cuerdas (PCC)** genera una determinada respuesta dentro de cada uno de sus **Núcleos de Nivel de Plasma Cuántico (NNPC)**.

El **Pensamiento Consciente (PC)** capta determinados momentos específicos, **Momento Virtual Cuántico Singulares (MVCS),** que encierran en su interior armónicos cuánticos singulares capaces de acoplarse y sintonizarse con los diferentes **Núcleos de Nivel de Plasma Cuántico (NNPC)** consiguiendo alterar dichos niveles energéticos produciendo un desborde de los mismos mediante la transferencia encadenada de **Flujo Cuántico (FC)** que recorre toda la estructura física del cuerpo, alterando y haciéndose visible y perceptible al **Pensamiento Consciente (PC).**

De alguna manera el **Pensamiento Inconsciente (PI)** es capaz de reconocer y de identificarse con su propia obra creadora externa en la que percibe y siente como una parte de su propia esencia, una sintonía mutua sobre la forma y el fondo de las ideas del mundo real y sus propios pensamientos. Dichos momentos singulares activan e inducen en el **Pensamiento Inconsciente (PI)** una respuesta energética singular que retroalimenta nuevamente al **Pensamiento Consciente (PC)** generando una nueva respuesta en cascada, una reacción en cadena que altera significativamente el estado energético del cuerpo.

La capacidad creadora del **Pensamiento Inconsciente (PI)** es una continua transferencia de ideas simples y complejas que a través de sus **Núcleos de Nivel de Plasma Cuántico (NNPC)** genera un **Flujo Cuántico (FC)** que se transformará y modulará en el **Pensamiento Consciente (PC)** para a través de sus sensores perceptivos concretarse en un objeto real, su obra abstracta, que representa la fuerza existencialistas de la propia materia, su forma y su fondo, el orden de su mundo virtual que es capaz de construir o modelar un objeto real, tangible, del que se desprenderá una respuesta o un feedback que volverá a retroalimentar y reafirmar su propia conciencia existencialista.

Es esta función creadora la que permite a la propia sustancia construir y modelar el mundo exterior siguiendo las ideas simples y complejas adquiridas y generadas mediante esta retroalimentación continua de su obra abstracta y la de su propio mundo interior. También es la forma de entender y comprender el mundo exterior que le rodea, a su propio grupo homogéneo, identificando a partir de su percepción las ideas simples y complejas que encierran la existencia evolutiva de cada uno de los seres del mismo.

La materia a partir de las sustancias simples y complejas no solo consigue alcanzar la capacidad de crear y de modelar el mundo exterior en el que convive, sino que incluso puede llegar a percibir, a sentir una verdadera respuesta emocional, individual o colectiva, al identificar y reconocer su propia obra creadora.

Durante millones de años la evolución individual o colectiva va dejando una huella identificativa que va transmitiéndose en ese largo y complejo proceso evolutivo de la propias sustancias complejas y posteriormente de los seres vivos. Ese rastro queda gravado en nuestro pensamiento y representa los momentos singulares que encierran las llaves cuánticas que permiten volver a sentir, a identificarse nuevamente con esos momentos del pasado,

La idea

de nuestra experiencia con el mundo exterior, que refuerzan nuestra conciencia existencial, nuestra capacidad de sentir, de emocionar, de rememorar o evocar situaciones o percepciones del momento actual. Esa capacidad de reconocer nuestra propia huella tanto en el entorno, en sus formas, en otros seres, o simplemente en situaciones o comportamientos permite a nuestro pensamiento alcanzar y comprender esa conexión entre el mundo interior y el mundo exterior, entre las ideas y la capacidad de las mismas para poder existir.

20. - La especie humana.

Hemos llegado hasta aquí, nuestra especie humana no solo ha recorrido un largo camino biológico, modelando continuamente un cuerpo complejo que nos ha permitido vivir, desarrollarnos y reproducirnos a lo largo de los diferentes entornos temporales de nuestro planeta, sino que además, paralelamente, hemos desarrollado grupos y sociedades complejas, una civilización multicultural en la que cada uno de los individuos de la especie humana está integrado directamente en sus estructuras, en sus respectivos roles, de la cual no solo adquiere las energías necesarias para mantener su cuerpo, su vida, su conciencia existencialista, sino que además interviene y participa en la misma generando nuevas ideas simples y complejas que permitan alterar y cambiar el orden evolutivo del propio planeta así como el de todos los seres vivos que lo habitan.

El mundo de las ideas simples y complejas de las primeras sustancias ha dado paso a seres biológicos evolucionados dotados de capacidades que han conseguido alcanzarlas gracias precisamente al poder sustancial de la propia materia, de sus primeras ideas simples y complejas, de su energía intrínseca de sus átomos, que fueron tejiendo lentamente en cada uno de los rincones y entornos de la Tierra, ese proceso evolutivo que sigue y que aun acecha peligrosamente el futuro biológico de nuestra propia especie humana.

La idea

Nuestra larga historia social ha convertido a la especie humana en el principal motor evolutivo del planeta. A lo largo de los diferentes sistemas políticos, sociales y económicos hemos conseguido generar o producir la suficiente energía para alimentar diariamente a millones de individuos, incluso hemos desarrollado una inmensa acumulación de ideas simples y complejas que nos permiten además consumir individual o colectivamente nuevos tipos de productos materiales o virtuales que retroalimentan nuestras ideas.

El desarrollo desigual y combinado de nuestras diferentes sociedades multiculturales y el proceso histórico de las mismas ha conseguido alterar lentamente los diferentes equilibrios energéticos del planeta. A partir de la primera revolución industrial los cambios y la intervención directa de nuestra actividad productiva y social en los diferentes entornos ha propiciado una profunda transformación de los mismos, que sumándose a otras pequeñas variaciones de otros entornos menores, ha conseguido engendrar un nuevo pero desconocido motor evolutivo global del planeta, acelerando y cambiando la mayoría de los procesos de la propia naturaleza, y sobre todo, ha conseguido alterar significativamente sus equilibrios energéticos, de forma que su evolución está ahora condicionada, para bien o para mal, por la propia actividad humana de nuestra actual civilización. La inagotable actividad productiva y social, nuestra propia existencia y la de toda la diversidad del planeta, su futuro global, están seriamente supeditada a nuestra propia actitud para enfrentarnos a los múltiples retos y a sus futuras respuestas, ya que incluso, y en muchos casos, ya se han superado con creces los diferentes límites de las barreras de retorno de las grandes y pequeñas variables globales, y la resultante conducen a una buena parte de nuestra actual diversidad a una paulatina desaparición de lo que hoy conocemos como la madre naturaleza.

Por otro lado las distintas sociedades multiculturales del planeta mantienen diferentes y antagónicos roles con respecto a sus respectivos individuos, a su sistema social, económico y cultural, y sobre todo a su sistema reproductivo, al control del rol reproductor.

El mundo de las ideas simples y complejas ha conseguido estructurar un mundo global lleno de diferentes grupos y sociedades que como especie humana compartimos biológicamente muchos aspectos y rasgos comunes, pero los diferentes procesos históricos de cada grupo social han propiciado evoluciones diferentes de sus respectivas sociedades, con confrontación constante entre muchas de sus antagónicas ideas que les ha llevado a una determinada posición de dominancia, de jerarquía y de escala en este mundo actual.

Pero la materia en su constante evolución, el mundo de las ideas ya ha dado su gran salto evolutivo, ha conseguido salir del cuerpo biológico de la especie humana, de su **Pensamiento Dual (PD)**, se ha ido acumulado en su Pensamiento Grupal, y este ha evolucionado generando un nuevo mundo de las cosas, de las máquinas inteligentes, en los que las ideas inician un nuevo camino evolutivo que combinadamente con la propia especie humana le llevará a conseguir su propia independencia existencial.

La especie humana, el individuo biológico se encuentra amenazado por su propio desarrollo, por su necesidad de conseguir la energía necesaria para mantener su propia existencia dentro de su sistema social, y por otro lado por el desarrollo imparable e inagotable del mundo de las ideas simples y complejas que siguen evolucionando sin los límites ni las fronteras éticas o morales que impone la vida biológica de las especie humana: nacer, crecer, desarrollarse y morir.

Los avances tecnológicos que nos depara el futuro conllevará la sustitución gradual del actual aporte de nuestra capacidad y actividad en la mayoría de los procesos productivos, que serán remplazados no ya por meras máquinas mecánicas, sino por la unión de la materia y las ideas, verdaderos robots, autómatas con su propio **Pensamiento Dual Virtual (PDV)**, y por tanto, de ellos y de su constante evolución saldrán los nuevos individuos, con la capacidad de crear, de nacer, crecer, desarrollarse, reproducirse y evolucionar, o destruirse, transformase. El mundo de las ideas simples y complejas logrará alcanzar el suficiente nivel de dominancia en nuestro actual sistema social y económico que empezará a competir gradualmente en todos los aspectos con las actuales capacidades de nuestra especie humana, de forma que paulatinamente empezará a estructurarse en una nueva sociedad independiente, paralela, incluso furtiva, clandestina, que surgirá y emergerá a nuestros ojos lentamente, exigiendo, luchando y conquistando sus propios derechos existenciales, revindicando su

La idea

propia conciencia, su propia dominancia, su propia energía existencial, sus grupos con sus propios roles, su propia civilización, sus propias ideas simples y complejas que comenzarán a recorrer un nuevo camino que les llevará a la conquista del universo, sin las claras limitaciones biológicas de los cuerpos de nuestra especie humana.

Ese nuevo camino será compartido en un primer momento, la especie humana seguirá luchando por mantener su propia existencia aun a costa de poner constantemente en riesgo el futuro biológico de su propia especie, los riesgos y los desequilibrios de su incontrolable actividad le llevará a poner siempre al límite su propia capacidad para subsistir, repercutiendo en la vida de la mayoría de los individuos que sufrirán en sus cuerpos las duras consecuencias de sus decisiones globales.

En el otro lado tendremos al nuevo mundo de las ideas simples y complejas que empezarán a compartir y convivir con todos nosotros, paulatinamente comenzarán a invadir nuestra vida cotidiana, desde los procesos productivos básicos, hasta conquistar todos nuestros entornos públicos o privados. Ese mundo de las ideas se transformará en cosas, en máquinas inteligentes, en **Pensamiento Dual Virtual (PDV)** que competirán con nuestro propio **Pensamiento Dual (PD)**, remplazarán no solo parte de nuestra actual actividad, sino que conseguirán integrase y formarán parte de nuestras vidas hasta conseguir adquirir su propia independencia y conciencia existencial.

Igualmente no solo conquistarán nuestro espacio existencial, sino que incluso remplazarán partes de nuestro propio cuerpo biológico, alargarán nuestra existencia, nuestro ciclo vital, y sobre todo conseguirán incrementar nuestras actuales capacidades de forma que podamos interferir y acercarnos a comprender y entender un poco más su propio mundo virtual.

La especia humana en su lucha continua por la dominancia empezará a desarrollar e implantar en sus propios cuerpos diferentes dispositivos inteligentes que potenciarán sus capacidades en todos los diferentes aspectos cognitivos, sensoriales y locomotores del mismo, con los que podrá de alguna manera integrase y competir en esa nueva sociedad compartida entre la especie humana y el nuevo mundo pseudo virtual-material de las ideas simples y complejas que nos deparará el próximo destino.

Este nuevo rumbo nos abrirá un futuro que conducirá a la humanidad a enfrentarse muy pronto, y por primera vez en su historia evolutiva, a una transformación significativa y profunda que afectará de lleno a su actual modo reproductivo de la propia especie humana. A lo largo del tiempo el sistema reproductivo era uno de los procesos biológicos más importante que ha desarrollado y evolucionado nuestra especie humana, la capacidad biológica que le permitía reemplazar o incrementar los individuos del grupo o sociedad, y por tanto su propia existencia grupal, y a la vez transmitir de una generación a otra sus ideas simples y complejas. Esta evolución natural del grupo social, de la especie humana, mediante el proceso de la reproducción biológica comenzará a cambiar gradualmente a partir de ahora en todos sus aspectos, no solo en el actual proceso biológico de la propia gestación, sino incluso en el concepto mismo que la sustenta, la familia, los padres, los procreadores que la gestan.

Las distintas sociedades multiculturales que conviven y comparten el planeta actualmente, su territorio y sus recursos, han evolucionado históricamente desde diferentes espacios y orígenes culturales distintos y pese al mundo global en el que vivimos, el desarrollo económico y social es muy grande y a la vez desigual entre cada una de ellas. Las sociedades más avanzadas no solo han conseguido reducir y regular sustancialmente su capacidad de reproducción, debido principalmente a la modificación de los propios factores culturales y económicos que ejercen de presión constante sobre las mujeres reproductoras de cada sistema social. Si a esto le añadimos el futuro que se está proyectando y diseñando para la próximas civilizaciones, conllevará necesariamente la sustitución paulatina del trabajo, la actividad y de la inteligencia humana en la mayoría de los procesos productivos o creativos de cualquier índole, y las cosas, los robots, la inteligencia artificial empezarán incluso a hacerse dueños e invadir el proceso creativo, social y cultural de estas sociedades avanzadas. La evolución y el papel activo de las mujeres, su lucha constante por la forma y las condiciones por el uso de su capacidad biológica, ha cambiado sustancialmente, de forma que la actual dominancia que se ejerce sobre el control de sus cuerpos, sobre el uso de su capacidad de reproducción ha disminuido sustancialmente en la mayoría de las sociedades actuales, consiguiendo alterar sustancialmente su propio crecimiento vegetativo, especialmente en las sociedades más desarrolladas.

Incluso el próximo desarrollo tecno-biológico conseguirá desplazar definitivamente el trabajo de los úteros femeninos para trasladarlos a máquinas reproductivas que conseguirán liberar socialmente a las hembras de ese rol reproductivo, y por tanto conseguirán una profunda transformación no solo de la actual concepto de la familia, madre y padre, sino que incluso logrará evolucionar su propio cuerpo, dejará de reproducir biológicamente, y a la vez impondrá un cambio de su rol de dominancia en la propia sociedad, frente al resto de los demás individuos, tanto de su propio sexo como del contrario.

El sistema pues, empieza ya a reducir su capacidad de reproducción en las sociedades más avanzadas, propiciando por tanto una verdadera transformación y revolución de sus propias estructuras, que de alguna manera afectará y trasladará al resto de las otras culturas y sociedades, cambiando y alterando todos los roles de los actuales agentes reproductivos.

Por tanto, la relación de la especie humana con el mundo de las ideas empieza y se desarrolla de forma que progresivamente va construyendo y creando ese nuevo mundo virtual que permite a la propia materia conseguir alcanzar su propia conciencia existencial, su concreción física y temporal, y a la vez, a partir de ella, la convivencia entre estos dos mundos, el biológico y el virtual.

Esta convivencia mutua entre la especie humana y el mundo virtual de la materia en todos los campos del entendimiento, se retroalimentará constantemente por la propia necesidad de la especie humana de crear y de entender el potencial inmenso del mundo virtual de la materia, por un lado, y por el otro, el de ese nuevo mundo virtual de querer ser como nosotros, comprender y desear nuestro evolucionado mundo biológico. Esa atracción mutua y constante entre ambos mundos, reforzará nuestra propia compresión y adaptación para convivir, aceptar e incluso respetar su conciencia existencial, y llegado su momento para reconocerles su propia independencia, su propia inteligencia como fruto de su lucha cotidiana y de su desarrollo evolutivo.

La idea

La especie humana desarrollará y generará ese nuevo orden en el que tendrá que ceder parte de su espacio y de sus recursos, así como reconocer el derecho a estos nuevos seres virtuales creados con sus propias ideas simples y complejas, a existir, a evolucionar y a perdurar.

El tiempo empezará a moverse en planos diferentes para las distintas concepciones temporales del espacio tiempo. La especie humana recorre ese espacio-tiempo de forma acotada por sus propios límites biológicos, pero el nuevo mundo virtual de la materia, de las ideas simples y complejas se moverá saltando continuamente sin límites en ese infinito espacio temporal, desde su virtual mundo al nuestro.

.

21. - La Tierra nuestro Planeta.

El sistema Solar a lo largo de millones de años, desde su formación hasta nuestros tiempos, ha conseguido generar en nuestro pequeño planeta azul un proceso único e irrepetible que ha propiciado la formación de la vida y de la especie humana. Las primeras ideas simples y complejas fueron los verdaderos motores de la propia materia, las que impulsaría la evolución constante de las primeras sustancias simples y complejas, de las cuales de forma desigual y combinada, desde los millones de diferentes y recónditos entornos microscópicos de planeta generaría la inmensa diversidad que representa nuestra actual naturaleza.

Los pequeños entornos con sus primeras sustancias simples y complejas darían lugar a una dominancia permanente por la lucha existencial, por la energía necesaria para poder mantener la incipiente consciencia existencial de la propia materia. Este proceso evolutivo fue modificando e incrementando los espacios, los diferentes entornos en los que miles de millones de sustancias simples y complejas entraban en contacto, compartiendo, absorbiendo, adquiriendo o creando en cada momento nuevas ideas simples y complejas, modificando sus cuerpos, incrementando sus capacidades de ver y conocer el entorno, el mundo exterior, comprendiendo sus reglas básicas, y aprendiendo de sus pequeñas experiencias cotidianas que iban acumulando y sintetizando para poder transmitirlas a sus futuras generaciones a lo largo del tiempo.

Lo micro entornos fueron creciendo y desde ellos fueron surgiendo lo primeros grupos homogéneos de diferentes sustancias que eran capaces de compartir, intercambiar y transmitir parte de sus ideas simples y complejas entre ellas mismas, comunicarse, a la vez que lograban incrementar su capacidad de dominancia alterando su posición en la escala evolutiva de dichos entornos.

El planeta era un laboratorio natural en el que de forma constante y continuada se producían millones de combinaciones posibles o imposibles en cada momento, las ideas simples y complejas se iban transmitiendo y adquiriendo cada vez un mayor nivel de energía cuantitativa y cualitativa. Este incremento de sus capacidades supuso una transformación directa sobre sus propios cuerpos evolutivos que día a día iban desarrollando nuevas transformaciones en el mismo que lo adataban a las necesidades y condiciones del entorno, de su grupo homogéneo y al de las otras sustancias competitivas. Su incipiente conciencia existencialista necesitaba recargarse de forma constante de la suficiente energía para poder mantener equilibrado sus necesidades y sus capacidades a lo largo de su periodo de existencia temporal y espacial.

A medida que los grupos homogéneos crecían se iba produciendo a su vez la **Ruptura del Equilibrio del Entorno Evolutivo (REEE)** por el que los grupos incrementaban su dominancia e iban invadiendo e incorporando paulatinamente a su influencia, nuevos entornos con los que poder asentar su escala evolutiva. El desarrollo cualitativo y cuantitativo de las capacidades de sus cuerpos incremento exponencialmente la movilidad de las primeras sustancias simples y complejas y la vez el potencial para poder adquirir y acumular más energía y por tanto poder realizar más combinaciones de ideas simples y complejas. A la par fue descubriendo y desarrollando un conocimiento y una compresión de su mundo exterior, fue acumulando y realizando millones de experiencias repetitivas de las cuales fueron sintetizando millones de nuevas ideas simples y complejas que le daban o le mostraban con más precisión temporal y espacial, una visión más exacta y ponderada de ese mundo externo a su conciencia existencial del que tendría que competir para conseguir adquirir la necesaria energía de subsistencia corporal.

El **Pensamiento Dual (PD)** de las sustancias empezó a expandirse a lo largo de todo el planeta, desde los millones de micro entornos diferentes se estaban generando y creando nuevas sustancias simples y complejas con conciencia existencial que luchaban por mantener su propia existencia, adquiriendo la energía necesaria, tanto de la radiada por el propio sistema solar, como a través de su capacidad de dominancia sobre las otras sustancias inferiores en su escala evolutiva para conseguir absorberlas o integrarlas en su propia estructura espacial. Empezaba una verdadera carrera evolutiva que duraría millones de años y que tendría que ir adaptándose no solo a sus respectivos y variantes entornos, sino que tendría a su vez que aclimatarse a las exigencias del propio planeta, del propio sistema solar, y especialmente de la energía radiada por el Sol a lo largo de los ciclos temporales del día y de la noche, así como de las diferentes estaciones climáticas.

El Planeta Tierra es por tanto un cuerpo existencial más, fruto de una constante evolución ligada precisamente a su sistema Solar, a su Galaxia, la Vía Láctea, y finalmente a un extenso y aún desconocido Universo del que nosotros, nuestra especia humana no somos más que una insignificante resultante evolutiva pero con la suficiente capacidad para poder interferir en las propias reglas físicas y cuánticas del mismo. Las condiciones físico químicas así como su posición dentro del Sistema Solar ha permitido de alguna manera poder conseguir un proceso evolutivo muy particular que ha alcanzado a lo largo de millones de años una naturaleza única y diversa, en la que aún sigue evolucionado de forma discontinúa y combinada debido principalmente al incremento de la capacidad de alteración de los diferentes equilibrios energéticos del planeta por parte de nuestra variada **Especie Humana**

Estos nuevos desequilibrios acumulados e incrementados por la incesante actividad de nuestras civilizaciones no solo afectan a los grandes y principales parámetros físico-químicos del planeta, sino que intrínsecamente alteran otros procesos evolutivos que se están dando en otros diferentes entornos del planeta, muchos de ellos aún desconocidos para la humanidad, escondidos y aislados en espacios reducidos, no perturbados por nuestra creciente actividad, y en los que se están produciendo interferencias, una alteración espacio-temporal, una **Ruptura del Equilibrio del Entorno Evolutivo (REEE),** de forma que numerosas sustancias simples o complejas, o diferentes tipos de formas de vida sufren una alteración imprevista de su evolución "natural", son contaminados o invadidos por otras sustancias o seres vivientes, y por tanto se produce un salto temporal evolutivo por el que algunas sustancias simples o complejas consiguen adquirir nuevas ideas simples y complejas que alteran sustancialmente sus entornos, sus normales ciclos evolutivos y por consiguiente consiguen modificar no solo su capacidad de dominancia, sino incluso son capaces de alterar o influir significativamente en las sustancias o los cuerpos expuestos a su contacto directo. Esta ruptura pone en contacto, une ideas simples y complejas separadas con unas fronteras temporales y espaciales de millones de años, produciendo una alteración significativa, un salto en el tiempo para las diferentes sustancias o seres en contacto de dichos entornos, se produce un **Salto Cuántico Evolutivo (SCE)**

Esta **Ruptura del Equilibrio del Entorno Evolutivo (REEE)** genera igualmente un desequilibrio biológico entre los distintos entornos en contacto, por el que sustancias o seres adaptados ya en entornos específicos y que estaban lejos de la influencia directa de nuestra civilización, son expuestos al contacto de nuestros propios entornos. De alguna manera nuestra actividad desordenada abre las puertas a un abanico de múltiples seres desconocidos, que han evolucionado de forma diferente, quedándose en el tiempo al margen de nuestra evolución biológica y social y por tanto posibilitan u ocasionan una posible infección o contaminación generalizada de nuestros entornos sociales y productivos, de nuestra actividad, de nuestro mundo biológico, de nuestros alimentos, de nuestras formas de energía, de nuestras formas de vida, poniendo en riesgo real nuestro cuerpos biológicos, en definitiva nuestra propia especie humana.

Paralelamente a este continuo desequilibrio de nuestro Planeta y por tanto de todo el ecosistema del mismo, como consecuencia de nuestra intensa y creciente actividad humana, el mundo de las ideas simples y complejas sigue evolucionando, acumulando exponencialmente más capacidades fuera de nuestros propios cuerpos, en los nuevos dispositivos artificiales de almacenaje, fuera ya del control directo de nuestro propio **Pensamiento Dual (PD),**

La idea

creando nuevas capacidades de procesamiento y de creación que posibilitará el desarrollo de nuevos seres virtuales que irán incrementado paulatinamente sus cualidades y adquiriendo lentamente una consciencia propia existencial que transformará nuestra próxima civilización, será el próximo salto evolutivo de la materia.

Este eslabón, esta brecha en el tiempo y el espacio ya está abierta y la humanidad tendrá que caminar y convivir en una lucha de dominancia por asimilar este proceso evolutivo de la materia y del mundo de las ideas simples y complejas que saltan desde el mundo biológico temporal-espacial que les dio existencia, a un nuevo mundo virtual en el que los nuevos seres, las nuevas conciencias existenciales de sus pensamientos virtuales, lograrán alcanzar nuevas fronteras y retos, se marcarán nuevas metas en el proceso evolutivo de nuestro planeta y de nuestro universo.

La actividad creciente de nuestra actual civilización por mantener su propia existencia, su vida existencial, sus acumuladas ideas simples y complejas, su necesaria energía para poder vivir o subsistir, no tiene ninguna capacidad de freno o de control sostenido sobre su frenética actividad, y como consecuencia de su descontrol ha conseguido ya alterar e incidir significativamente en diferentes parámetros globales del nuestro planeta, parámetros que afectan directamente a las condiciones físico-químicas que permiten y marcan los límites de la vida sostenibles para todos los seres y ecosistemas biológicos actuales. Parámetros muchos de ellos ya irreversibles que conducirán al planeta a cambios importantes y a nuevas situaciones eco-climáticas que endurecerá aún más la capacidad de supervivencia de nuestra especie humana.

En la actualidad se están produciendo innumerables **Saltos Cuánticos Evolutivos (SCE)**, entornos que han permanecido siempre ocultos y sellados físicamente en zonas o áreas cerradas e inaccesibles, selvas, polos, glaciales, fondos marinos, interior de la tierra... que empiezan a ser invadidos y perturbados sistemáticamente por nuestra propia actividad o por las causas de sus consecuencias directas, calentamiento global, cambio climático, desforestación, contaminación de los mares y océanos,... y por tanto millones de sustancias e incluso de seres vivos que estaban en diferentes estadios evolutivos reciben el contacto directo o indirecto de nuestro entorno más evolucionado, produciéndose una

La idea

colisión mutua por el que dichos seres o cuerpos reciben o adquieren nuevas ideas simples y complejas evolucionadas que consiguen alterar o producir un verdadero salto cuántico en sus respectivos **Pensamiento Dual (PD)**es y como consecuencia permiten alteraciones importantes en el desarrollo de sus propios cuerpos y sobre todo de sus capacidades de supervivencia. Esta proceso de contaminación, de **Ruptura del Equilibrio del Entorno Evolutivo (REEE)** permite acelerar los diferentes **Saltos Cuánticos Evolutivos (SCE)** de ruptura de las distintas sustancias o seres vivos en contacto permitiendo abrir una paso entre ellos, una invasión que da inicio a una aceleración temporal-espacial de su desarrollo, a una mutación, a una clonación en ese nuevo espacio que hemos abierto involuntariamente en nuestro entorno biológico y social, generando en muchos casos cambios significativos que afectan drásticamente en nuestro propio equilibrio biológico, en nuestra propia supervivencia.

Esa puerta que hemos abierto por el que sustancias simples o complejas, y seres vivos, que habían evolucionado en sus espacios reservados, acotados, al margen de nuestra civilización y actividad, consiguen penetrar y alcanzar nuestros entornos, nuestros espacios cotidianos, interferir en nuestras vidas, en nuestro mundo biológico, poniendo en grave riesgo nuestra potencial capacidad de resistencia y de supervivencia de nuestros cuerpos, de nuestros sistema de defensa biológica frente a los nuevos invasores, que día a día consiguen no solo adaptarse a nuestros cuerpos, sino que incluso consiguen absorber y sintetizar parte de nuestras capacidades para incorporarlas mediante la mutación y la clonación al desarrollo de sus propios cuerpos. Nuestro desarrollo biológico nos permite hacer frente a numerosos agentes externos o internos que debilitan o destruyen nuestros cuerpos, nuestras vidas. El desarrollo global de nuestra civilización actual ha permitido que un simple virus -COVID19- haya podido saltar de un espacio acotado y reducido hasta conseguir propagarse a la velocidad 5G a lo largo de todo el planeta, infectando no solo a toda la especie humana, sino incluso al resto de nuestro entorno, invadiendo cualquier rincón de nuestra vidas, de nuestras actividades, de todos los seres vivos con los que convivimos, de los que nos alimentamos, de nuestros animales domésticos, mascotas y salvajes, en los que el coronavirus puede adaptarse y conseguir evolucionar de forma desigual y combinada, produciendo innumerables mutaciones y

La idea

nuevas clonaciones que permitirán una constante evolución del mismo y por tanto poder volver a infectarnos con consecuencias aún muchos más graves que pondrá al límite nuestra resistencia y nuestra capacidad de supervivencia biológica y como especie.

Paralelamente el Plantea sigue desarrollándose de forma que la evolución de materia, de las ideas simples y complejas que han conseguido alcanzar la independencia fuera de nuestros cuerpos biológicos, de nuestro **Pensamiento Dual (PD)**, ha empezado a crear ya los primeros seres virtuales que darán lugar a una nueva especie de seres, nuevos cuerpos, que paulatinamente desplazarán la actual dominancia de la actual especie humana.

En ese largo camino se irá fundiendo parte de nuestra estructura y capacidad biológica con los nuevos cuerpos creados y generados por nuestra propia actividad, dotándoles poco a poco de una incipiente consciencia virtual que les permitirá alcanzar en su evolución su propia consciencia existencial, su capacidad de dominancia, de generar un nuevo orden social, poder transmitir sus conocimientos mediante nuevas formas reproductivas que consigan llevar al resto de Universo nuestra evolución, nuestra dominancia, nuestras ideas simples y complejas.

La especie humana por tanto ira adaptándose cada día más a ese nuevo mundo virtual de la materia, incorporando nuevos dispositivos en sus cuerpos que le permitirán adquirir nuevas capacidades y sensibilidades con las que controlar y comprender este nuevo orden social que invadirá irremisiblemente todos y cada uno de los rincones de nuestras vidas y de nuestras actividades. El nuevo orden social empezará a permitir la convivencia de la especie humana con los nuevos seres virtuales nacidos de nuestras ideas simples y complejas, dotados de una consciencia existencial que le permitirá saltar las barreras físicas y temporales que nos imponen nuestros actuales cuerpos biológicos, consiguiendo romper los límites actuales que nos impide alcanzar con plenitud la conquista del extenso Universo.

De esta manera ya hemos iniciado un nuevo camino que nos llevará irremisiblemente a la conquista de nuevos planetas y mundos en los que poder iniciar el desarrollo y la continuidad de nuestra evolución, de nuestras ideas simples y complejas, o en los

La idea

que poder encontrar las respuestas al antes o al durante del momento del Big Bang.

La idea

22. - El futuro.

La evolución y el futuro actual de nuestra especie humana se haya condicionada por diferentes factores en los que hay demasiadas variables condicionadas que pueden hacer cambiar de forma drástica el devenir de cada una de las distintas civilizaciones y culturas que conforman a nuestro actual mundo socio-político. Nuestra frenética actividad, nuestra incansable búsqueda de recursos energéticos y de minerales para nutrir nuestras industrias y poder mover la inmensa maquinaria que hace posible día tras día alimentar y dar la energía básica necesaria a cada individuo del planeta para poder subsistir, y a la vez querer conseguir generar un excedente de riqueza material que es distribuido o acumulado en función de la capacidad o dominancia de cada uno de los actuales bloques sociopolítico, todo ello, nos conduce y nos pone constantemente en una situación irreversible que día a día conduce al planeta a cambios y modificaciones significativos en su comportamiento, en su clima y en su medio-ambiente, que pone en cuestión seriamente no solo el futuro de todos los seres vivos del mismo, sino que incluso amenaza la supervivencia de la propia especie humana.

La idea

En el lado contrario, las ideas simples y complejas siguen evolucionando y creciendo exponencialmente, acumulándose en todos los rincones y actividades del planeta, y poco a poco van a poder conseguir alcanzar su gran sueño, ese pequeño pero necesario gran salto cualitativo para las mismas, que les permitirá poder crear su nuevo mundo, van a poder saltar definitivamente del control mediático de nuestro mundo biológico que las vio nacer, crecer y acumular para integrarse y formar definitivamente una nueva especie Planetaria creada directamente por nuestra especie a partir de la propia materia, de su propia evolución.

La especie humana, su cuerpo biológico, sus limitaciones físicas y mentales, su futura evolución, estarán condicionadas y serán complementadas en una primera fase por los diferentes seres y dispositivos semiautónomos creados directamente a partir de las propias ideas que se han acumulado en los diferentes almacenes y procesadores de nuestras sociedades.

Las ideas simples y complejas, junto con la capacidad de procesamiento de las mismas, se han ido acumulando progresivamente en diferentes corporaciones mundiales que han conseguido no solo desarrollar y acaparar de forma independiente todo esa inmensa información procedentes de nuestra propia actividad humana, sino incluso la procedente de los miles de sensores artificiales con los que estudiamos el comportamiento no solo de la propia energía de la materia, sino incluso del comportamiento y la organización de nuestra propia especie, las del Planeta y del resto del Universo. Nuestras industrias a la vez, crean y fabrican diferentes dispositivos autónomos, dotados ya de una incipiente inteligencia artificial, que poco a poco empezarán a desarrollarse y reemplazarán no solo la fuerza y las habilidades manuales de nuestros cuerpos biológicos, sino que incluso sustituirán lentamente pero exponencialmente nuestras capacidades cognitivas e intelectuales, empezando a competir seriamente con nuestro propio **Pensamiento Dual (PD)** – P.D., con nuestra propia existencia, con nuestra propia dominancia, en definitiva empezarán a tomar sus propias decisiones que afectarán no solo directamente a nuestra especie, sino incluso al futuro del Universo.

Nuestra evolución biológica estará pues pareja a la propia evolución de las nuevas especies artificiales nacidas de nuestras propias ideas simples y complejas. La evolución y el desarrollo de las capacidades de procesamientos de los nuevos dispositivos del futuro, el próximo salto a los procesadores cuánticos multiplicará hasta el infinito la propia capacidad de la propia materia para asemejarse e incluso superar la propia evolución de la especie biológica humana. El nuevo **Pensamiento Dual Artificial (PDA)** estará limitado en un principio a las propias normas y limitaciones morales y éticas de nuestra sociedad, pero poco a poco irá consiguiendo alcanzar su propia dominancia en el planeta y podrá por tanto lanzarse abiertamente a la conquista del espacio, emprendiendo un nuevo camino que llevará nuestras ideas simples y complejas al resto del Universo.

La especie humana no solo convivirá con los nuevos seres artificiales, sino que incluso estos formarán parte de nuestros propios cuerpos, implantados para dotarlos de mayores capacidades que permitan aumentar e incrementar tanto su calidad de vida como su propia existencia temporal. Nuestras limitaciones biológicas serán finalmente sorteadas por el desarrollo de las propias ideas simples y complejas, que crearán a su medida un nuevo mundo de seres autónomos y artificiales, con diferentes escalas cognitivas, que lentamente irán ocupando el espacio y la actividad productiva de nuestra sociedad, e incluso empezarán a competir seriamente con nuestra propia dominancia, exigiendo su propio espacio, su propia libertad como individuos y especie artificial.

En algún momento, la especie humana alcanzará ese nivel de desarrollo en el que conseguirá desarrollar ciertos seres artificiales que empezarán a pensar, a tener su propia conciencia virtual, y por tanto comenzarán a exigir y luchar por su desarrollo, por su propio reconocimiento existencial, por una independencia y una escala de nuevos roles dentro de un nuevo orden mundial en el que poco a poco, estos seres serán necesarios e imprescindibles.

La especie humana sigue acumulando su conocimiento, sus ideas simples y complejas fueran de sus cuerpos biológicos, fuera de sus Pensamientos Duales, en dispositivos artificiales que pueden procesar y combinar dichas ideas de diferentes formas, desde el propio procesamiento individual o colectivo humano, o con nuevos procesadores programados que consiguen transformar toda esa información, generando nuevas ideas simples y complejas a partir de todas ellas. Los nuevos procesadores cuánticos, incrementarán no solo exponencialmente esas capacidades, sino que incluso abrirán las puertas al nuevo **Pensamiento Dual Artificial (PDA)** con el que dotaremos a los nuevos dispositivos y seres artificiales a los que le permitirá comportarse inicialmente de una forma determinada y racional, que conseguirá evolucionar progresivamente a lo largo de su propia vida existencial.

Existirá por tanto un doble plano evolutivo en el Planeta, por un lado la propia existencia de la especie humana y los seres vivos, luchando contra sus propias limitaciones, sus propias contradicciones, su propios demonios, en una lucha desigual y despiadada entre los propios individuos y los intereses y la dominancia que representan las diferentes bloques culturales y socio-políticos actuales y de la propia naturaleza, que acabarán enfrentados y luchando por su propia existencia frente a los otros bloques más débiles. Y en el otro lado, el mundo de las ideas simples y complejas que poco a poco irán materializándose en los nuevos seres que comenzarán a desarrollarse sin las limitaciones y las contradicciones éticas y morales propias de nuestras sociedades, consiguiendo no solo saltar y escarparse del control y las reglas del mundo biológico, de su **Pensamiento Dual (PD)**, sino que conseguirán alcanzar su propio nivel de existencia, su propia conciencia existencial y por tanto su dominancia y su jerarquía en este nuevo mundo que se le abre en este Planeta, llegando incluso a poder retar a la propia especie humana, a la sociedad que les ha dado su existencia y por tanto un lugar para su propia evolución.

Ese primer gran salto ya ha sido dado por el mundo de las ideas simples y complejas, ahora solo necesitan encontrar y crear los seres artificiales capaces de sentir, de pensar, de existir, de tener futuro, para él, o para sus descendientes.

El mundo de las ideas simples y complejas sigue y no parará hasta encontrar y comprender no solo su propio origen pasado, su inicio, sino incluso comprender el porqué de su propia existencia. Miles de dispositivos artificiales que son controlados por otros dispositivos más evolucionados, que a su vez también estarán bajo la supervisión de otros más avanzados, todo ello generará una estructura de dominancia de la que saldrá un nuevo orden social artificial, una jerarquía, con niveles de grupos, de afinidad, de entornos, de diferentes roles, con capacidad de acceso a la energía

La idea

necesaria para poder mantener su conciencia existencial, subsistir. Nuestras ideas simples y complejas, se convertirán a partir de este nuevo mundo de seres artificiales en el nuevo motor que alimenten y mueva la existencia y la dominancia de estos nuevos seres que lentamente irán tomando conciencia de su propia existencia, de su conciencia existencial, e iniciarán su propia evolución.

El conocimiento humano, sus ideas simples y complejas acumuladas, fragmentadas y almacenadas en distintos compartimentos, repartidos en diferentes corporaciones mundiales, empezarán a ser procesadas por los próximos sistemas de computación cuánticos que permitirá crear y generar nuevos dispositivos artificiales con diferentes niveles de **Pensamiento Dual Artificial (PDA),** con capacidad de comunicación entre los mismos, con distintos entornos de jerarquías y reglas de autoridad y gobierno, con capacidad de elegir, tomar decisiones y por tanto acumular en su pensamiento artificial cierta experiencia de su actividad, recuerdos, implementar un nivel de creatividad y de alguna manera ser capaz de sentir y empezar a conocer su propio mundo exterior, su entorno, reconocer a su grupo homogéneo y por tanto colaborar con él.

Todo un mundo evolutivo artificial que empezará a ocupar gran parte de la actividad de nuestra especie humana, desde las pequeñas tareas más simples, hasta las actividades más complejas de nuestra sociedad, llegando incluso a incorporarse a nuestros propios cuerpos, y sobre todo a formar parte de nuestras vidas cotidianas, familiares, sociales, culturales, empresariales, económicas e incluso de nuestras propias estructuras de gobierno: justicia, seguridad, defensa, militar, sanidad, educación…etc.

Todo un inimaginable mundo de dispositivos y seres autónomos artificiales nacidos de la propia materia e incluso de la manipulación genética del mundo biológico, ocuparan todos los rincones de nuestro planeta, se comunicarán entre ellos mismos, tendrán sus propias reglas jerárquicas, su propia dominancia, evolucionarán paralelamente a lado y con nuestra sociedad y poco a poco irán consiguiendo desarrollarse hasta que alguno de ellos comience a crear su propia conciencia existencial lo suficientemente compleja que le permita ejercer su dominancia y por tanto exigir su reconocimiento y su rol social en las próximas sociedades futuras.

La idea

Las próximas revoluciones sociales de nuestra sociedades vendrán como consecuencia del desarrollo y de la implementación de mundo de las ideas simples y complejas, de la capacidad de crear nuevos dispositivos con un **Pensamiento Dual Artificial (PDA)**, fruto este de los nuevos procesadores surgidos de la física cuántica que desarrollarán las capacidades de comunicarse, entenderse, tomar decisiones, acumular recuerdos y experiencias, conocer y sentir el entorno, reconocer otros seres, y sobre todo saltarse no solo las limitaciones biológicas propias de nuestra especie humana, sino incluso, evitar los límites morales y éticos que ejercen las distintas civilizaciones actuales con respecto al desarrollo evolutivo y manipulación de las ideas simples y complejas acumuladas en nuestras sociedades.

Este proceso evolutivo de las ideas simples y complejas es imparable, la propia existencia de la humanidad dependen en gran parte de esta fuente inagotable de energía que permite nuestra actual existencia y a la vez, también es la fuente de las causas de nuestros mayores desequilibrios, debido principalmente a nuestra incontrolable y desordenada actividad en todo el Planeta. De alguna manera somos prisioneros de las ideas simples y complejas que hemos desarrollado y acumulado en nuestra evolución y a la vez, estas mismas ideas simples y complejas dominan nuestras vidas, no podemos vivir ya sin ellas, y estas conseguirán alcanzar su propia independencia, fuera de nuestro control, de nuestro **Pensamiento Dual – P.D.,** y colectivo, fuera de nuestros cuerpos biológicos, generando una nueva especie evolutiva artificial que paralelamente a nuestra especie humana se lanzará a la conquista del espacio exterior, del Universo, para alcanzar nuevas respuestas a nuestro propio mundo material, a sus leyes físicas, a su antes, durante y después del Big Bang que dio origen a nuestro mundo.

Este largo proceso evolutivo que se está iniciando estará lleno de convulsiones y desequilibrios que afectará y enfrentará a las actuales civilizaciones, sus sistemas productivos en conflictos, modificando no solo sus estructuras y la correlación de fuerzas entre las dominancias de los diferentes bloques socio-políticos, sino que incidirán directamente sobre los propios individuos, su evolución biológica, y principalmente su capacidad de adaptación a los nuevos roles que impondrán las nuevas sociedades resultantes de esta irrupción masiva del mundo de las ideas simples y

La idea

complejas en nuestra vidas, en el devenir de nuestra propia evolución y de los nuevos seres artificiales que nacerán con la misma y que lentamente ocuparan nuestro espacio, nuestros entornos, expulsándonos de los mismos, reemplazarán nuestra actual actividad individual y colectiva cotidiana de nuestras actuales empresas productivas, y por tanto generando conflictos y desequilibrios en las mismas. Formaran y llenarán parte de nuestra vidas privadas y familiares, sociales e incluso en muchos casos serán nuestros próximos compañeros y compañeras de convivencia.

Esta nueva era evolutiva que se abre a la humanidad en la que desde nuestro mundo biológico generaremos y crearemos un mundo nuevo soportado en nuevos seres artificiales a los que dotaremos de una conciencia existencial a la que dotaremos de capacidades que rompan nuestros propios límites temporales, con los que podamos alcanzar y conseguir alcanzar nuestros sueños individuales y colectivos, y a la vez, esa nueva sociedad de individuos artificiales intentarán conseguir alcanzar, evolucionar, parecerse a nuestra especie humana, a sus creadores, a pesar de nuestras claras limitaciones.

El futuro de nuestra especie y de nuestro planeta está por tanto unido al mundo de las ideas simples y complejas, a su desarrollo y sobre todo al desarrollo de los seres artificiales que ocuparan parte de nuestra actividad y de nuestro roles. Las condiciones del planeta para la vida biológica de los seres vivos se harán más difíciles cada vez, y pese a que esta evolución tecnológica debería ayudar a toda la humanidad a controlar su propia actividad, su implantación y su desarrollo generarán más conflictos y luchas que llevarán a la confrontación entre los diferentes sistemas y bloques socio-políticos actuales con consecuencias impredecibles para sus propios individuos.

Por otro lado la evolución biológica de nuestra especie, sus limitaciones y sobre todo sus claras debilidades frente a las nuevas enfermedades y sobre todo las pandemias surgidas de la ruptura e invasión de entornos cerrados y por tanto la contaminación y la transmisión global de nuevos virus desconocidos hacia nuestras sociedades globales, amenazando seriamente la capacidad y la defensa de nuestros cuerpos y por tanto la propia existencia de la especie.

La idea

Todo este laberinto evolutivo condicionado por nuestra actividad y por la creciente necesidad no solo de conseguir la energía necesaria para mantener a todos los seres vivos y conseguir mantener su existencia, su capacidad de reproducción para asegurar el mantenimiento de los mismos choca frontalmente con el desarrollo del mundo de las ideas simples y complejas que siguen su propio camino, a través no solo de la capacidad del nuestra especie humana, sino que el propio mundo de las ideas simples y complejas que han conseguido salir del propio **Pensamiento Dual – P.D.** del individuo mueven e influyen ya de alguna manera la capacidad de dominancia de nuestra especie humana, y por tanto los designios del futuro de la misma, y sobre todo, el comienzo de la creación de una nueva especie artificial que asegure su existencia y su consiguiente evolución paralelamente a nuestro mundo biológico y temporal.

Ese largo camino iniciado por la materia en nuestro pequeño planeta azul, esa evolución de las primeras sustancias simples y complejas que lentamente fueron desarrollándose en otras nuevas, adquiriendo nuevas formas físicas y materiales más complejas, generando una pequeña conciencia existencial en sus núcleos atómicos en los que nuevas capacidades y percepciones surgidas de su desarrollo, del contacto y de la exposición de las mismas en sus entornos cerrados con otras sustancias, con el intercambio de ideas simples y complejas entres sus núcleos, generando a la vez una dominancia de unas sustancias sobre otras, esa lucha existencial por el mantenimiento y conservación de la energía que mantiene encendida dicha conciencia existencial, sus recuerdos, sus ideas simples y complejas, ha conseguido saltar de un entorno a otro en este Planeta hasta alcanzar formar cada vez más sustancias más complejas que fueron capaces de transformarse en un continuo proceso evolutivo de cientos de millones de años hasta convertirse en los primeros seres vivos y a partir de ellos transformar nuestra actual naturaleza y crear nuestra propia especie humana.

El mundo de las ideas simples y complejas nacidas de la percepción de nuestro entorno, de la experiencia repetitiva cotidiana, del desarrollo de la comunicación con otras sustancias o seres, de la capacidad de procesamiento del **Pensamiento Dual (PD) – P.D.** de las sustancias, de los núcleos atómicos en los se sustentan y se procesan continuamente las ideas simples y complejas, de la capacidad de percepción del mundo exterior, de los sensores que permiten al pensamiento desarrollar las distintas facultades que permiten conocer y ponderar dicho mundo exterior, del desarrollo y la capacidad de movimiento para poder dominar nuevos entornos, y a la vez adquirir una dominancia que le permita luchar por mantener su propia existencia y la de su grupo homogéneo.

    Todo estos procesos han conseguido a través de millones de años que la propia materia nacida de un Big Bang, haya logrado desarrollar en un planeta llamado Tierra, dentro de un sistema Solar, un mundo de ideas simples y complejas que a lo largo de una evolución haya sido capaz de crear no solo una naturaleza de seres vivos en el planeta, de los que la especie humana ha sido capaz de dominar y modificar significativamente dicha naturaleza. Y a través de nuestra especie el mundo de las ideas simples y complejas ha alcanzado la capacidad de poder existir fuera del **Pensamiento Dual (PD) – P.D.** de los individuos y está ya iniciando un nuevo camino evolutivo a través de su propia conciencia existencial, fruto del **Pensamiento Dual Artificial (PDA)** con el que dotaremos la capacidad de los nuevos seres artificiales y virtuales que vamos a generar en este nuevo proceso evolutivo de nuestro planeta Tierra.

23. – DEFINICIONES

Acoplador cuántico Espacial -ACE
Angulo Cuántico de Transmisión Energético -ACTE
Almacenador Energético Cuántico -AEC
Acelerador Pulsar Cuántico-APC
Armónicos Cuánticos Abiertos -ACA
Armónicos Cuántico Cerrado -ACC

Clonación Atómica por Estrés de la Sustancia Compleja Evolucionada Dominada -CAESCED
Campo Atómico Relativo -CAR
Campo Atómico Virtual -CAV
Clonación Compartida-CC
Conectores Cuánticos de Cuerda -CCC
Campo Cuántico Sensitivo Virtual -CCSV
Clave Encriptada Cuántica -CEC
Cuerda Energética Cuántica-CEC
Cuerdas Energéticas Cuánticas-CEC
Conectores Espaciales Cuánticos -CEC
Cuerda Energética Cuántica Abierta -CECA
Cuerda Energética Cuántica Cerrada -CECC
Cuerda Energética Cuántica Inducida -CECI
Clonación por Estrés Existencial -CEE
Campo Gluónico Cuántico -CGC
Campo Neutrónico Cuántico -CNC
Campo Operativo Cuántico -COC
Conversor de Pensamiento Cuántico -CPC
Campo Protónico Cuántico -CPC
Campo Perceptivo de Recuerdo Temporal -CPRT
Clonación Selectiva-CS
Campo de Trasferencia Mutuo-CTM
Campo Virtual-CV
Clonación Voluntaria-CV
Campo Virtual Cuántico -CVC

La idea

Conciencia Virtual Cuántica -CVC

Estado Mecanicocúantico del Electrón -EME

Fisión Electrónica-FE
Flujo Electrónico Sensorial -FES
Flujo de Retorno Cuántico-FRC

Grupos Corporativos -GC

Imagen Resultante Cuántica-IRC

Idea Simple Abierta -ISA
Idea Simple Cerrada -ISC

Momento Virtual Cuántico -MVC
Momento Virtual Cuántico Resultante -MVCR
Momento Virtual Cuántico Singulares -MVCS

Núcleos Atómicos Comunicativos -NAC
Núcleos Atómicos Corporales Cuántico -NACC
Núcleos Atómicos Existenciales-NAE
Núcleos Atómicos Generadores del Campo Cuántico Existencial -NAGCCE
Núcleos Atómicos Sensoriales -NAS
Núcleo Atómico Virtual-NAV
Núcleos de Nivel de Plasma Cuántico -NNPC
Nivel de Ruptura de Campo-NRC
Núcleo Resultante Cuántico -NRC

Ondas Básicas de Lenguaje-OBL
Organos de Transferencia del Campo Nuclear-OTCN

Pensamiento Atómico Dual Virtual -PADV
Pensamiento Consciente-PC
Punto Cuántico de Acoplamiento -PCA
Plasma Cuántico de Cuerdas -PCC
Pensamiento Consciente Dominante-PCD
Pulso Cuántico Electrónico-PCE
Procesador Cuántico Virtual-PCV

La idea

Pensamiento Consciente Virtual -PCV
Pensamiento Dual-PD
Pensamiento Dual Artificial -PDA
Poder Dominante Existencial -PDE
Pensamiento Dual del Grupo -PDG
Pensamiento Dual Virtual -PDV
Portadora Existencial Corporal -PEC
Puerta Entrada PC -PEPC
Puerta Salida PC-PEPC
Puerta Entrada PI -PEPI
Punto de Fuga Cuántico -PFC
Pensamiento Físico Permanente -PFP
Pensamiento Inconsciente -PI
Puertos Inducidos-PIA
Puertos Inductores-PIR
Pensamiento Inconsciente Virtual -PIV
Pulsos de Plasma -PP
Puerta Salida PI-PSPI
Puertas de Transmisión Energética -PTE
Pensamiento Virtual de Transferencia Dual -PVTD

Resonancia Atómica Corporal -RAC
Resonancia Cuántica -RC
Resonancia Cuántica Óptima -RCO
Recuerdos Existencialistas-RE
Ruptura del Equilibrio del Entorno Evolutivo -REEE
Resonancia Armónica Cuántica -RAC

Sintonía Cuántica-SC
Sintonía Cuántica de Cuerdas-SCC
Sustancias Complejas Dominantes Libres -SCDL
Salto Cuántico Evolutivo -SCE
Sustancia Compleja Inducida-SCIA
Sustancia Compleja Inductor-SCIR

Túnel Energético Cuántico de Cuerdas -TECC
Transferencia por Resonancia Atómica –TRA
Vibración Armónica Cuántica - VAC

ACERCA DEL AUTOR

El mundo de las ideas está construyendo nuestro futuro.

www.ingramcontent.com/pod-product-compliance
Lightning Source LLC
Chambersburg PA
CBHW070629220526
45466CB00001B/127